Djamila **BAAZIZE-AMMI**
Nadia **HEZIL**

GORDURA E PROTEÍNA DO LEITE (Transformação e qualidade)

Preâmbulo

No vasto domínio da nutrição e da gastronomia, o leite ocupa um lugar de honra. No coração deste líquido branco e leitoso estão dois ingredientes essenciais: a gordura e a proteína. Embora estes dois componentes sejam essenciais, a sua complexidade e importância são frequentemente ignoradas.

É com este objetivo que este livro, intitulado "Gordura e Proteína do Leite: Transformação e Qualidade", foi publicado. Através das suas páginas, mergulhamos nos mistérios da transformação destes elementos fundamentais do leite, explorando o seu percurso desde as explorações leiteiras até aos nossos pratos.

A gordura, fonte de sabores ricos e texturas cremosas, e a proteína, que fornece os blocos de construção essenciais para o nosso corpo, estão no centro de muitas criações culinárias e processos industriais. Por conseguinte, é essencial conhecê-las a fundo, quer se trate de produtores, transformadores, investigadores ou simples apreciadores de boa comida.

Este livro é o resultado de uma pesquisa meticulosa e de uma síntese aprofundada, com o objetivo de facilitar a compreensão destes dois elementos do leite, destacando os desafios e os avanços que definem o seu processo de transformação. Se tem curiosidade em conhecer as maravilhas que se escondem em cada gota de leite, este livro convida-o a uma viagem cativante ao coração da gordura e da proteína do leite, às suas transformações e à procura incessante de qualidade.

ÍNDICE DE CONTEÚDOS

INTRODUÇÃO

O leite, o líquido nutritivo que simboliza a fertilidade e a vitalidade há milhares de anos, é muito mais do que uma simples bebida. Para além da sua aparente simplicidade, é uma fonte essencial de nutrientes para muitas populações em todo o mundo, fornecendo uma combinação única de macronutrientes, como as proteínas e as gorduras, que são essenciais para uma dieta equilibrada. Dois componentes-chave do leite são a gordura e a proteína, que desempenham papéis vitais tanto do ponto de vista nutricional como funcional. A gordura do leite, constituída principalmente por triglicéridos, confere ao leite a sua textura cremosa e o seu sabor caraterístico, ao mesmo tempo que fornece uma fonte concentrada de energia. As proteínas do leite, em particular a caseína e o soro, são cruciais para o crescimento e o desenvolvimento, bem como para a manutenção da saúde muscular e imunitária.

O processamento destes componentes do leite é um processo complexo, que envolve uma série de etapas cuidadosamente orquestradas para obter uma variedade de produtos acabados adaptados às necessidades dos consumidores. Desde os métodos tradicionais às tecnologias modernas, os produtores de lacticínios utilizam uma série de técnicas para separar, purificar e processar a gordura e a proteína do leite, preservando o mais possível as suas propriedades nutricionais e funcionais.

Nesta exploração, vamos mergulhar no mundo da gordura e da proteína do leite, examinando as suas caraterísticas, funções e os desafios associados ao seu processamento. Da quinta à mesa, descobriremos as inovações e práticas que estão a moldar a indústria moderna dos lacticínios e a influenciar a nossa experiência diária com estes elementos essenciais da nossa dieta.

Na Argélia, uma grande variedade de produtos lácteos é preparada com leite naturalmente fermentado. Estes produtos continuam a desempenhar um papel importante na alimentação das populações, nomeadamente nas zonas rurais. Entre eles, o Lben, o Raib, o Zebda, o Dhan ou Smen e o Jben são os mais difundidos e são maioritariamente comercializados através de canais informais.

Juntos, vamos descobrir este universo cativante onde a ciência e a tradição se encontram, onde a paixão culinária se encontra com a inovação tecnológica. Quer seja um profissional da indústria de lacticínios, um entusiasta ou simplesmente um curioso em saber mais sobre os mistérios do leite, este livro oferece-lhe uma imersão no coração dos componentes gordos e proteicos do leite, a sua transformação e a procura contínua de qualidade.

MAMMARY GLAND

1. Anatomia do úbere da vaca

A glândula mamária (GM) é um órgão secretor específico dos mamíferos. A função de lactação ou de produção de leite está ligada a um longo processo de desenvolvimento e de diferenciação dos tecidos mamários. A glândula mamária desenvolve-se progressivamente a partir da vida fetal, seguindo os ciclos de gestação e de lactação da fêmea. A anatomia da glândula mamária difere ligeiramente de uma espécie para outra. Nos bovinos, é constituída por quatro quartos anatómica e fisiologicamente independentes. Como todos os ruminantes de criação, estes quartos têm uma cisterna para armazenar o leite entre as mamadas ou as ordenhas (Figura 1).

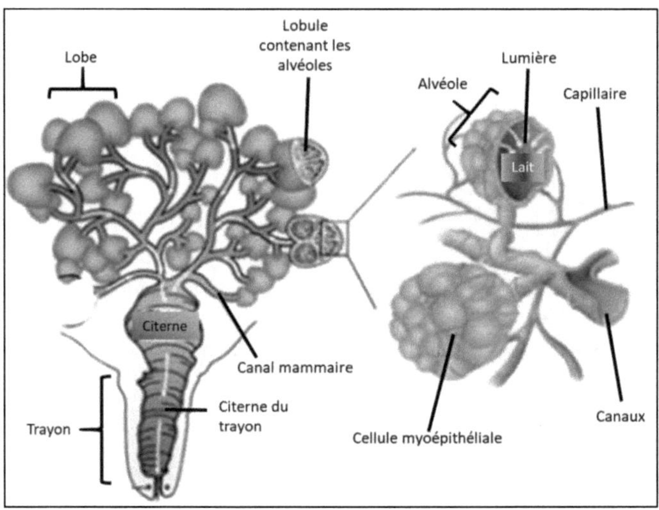

Figura 1: Diagrama da glândula mamária da vaca e a estrutura de um alvéolo mamário (Husveth, 2011).

Estão presentes dois tipos de tecido no GM: tecido secretor ou alvéolos mamários e tecido não secretor.

• Tecido secretor: As células epiteliais mamárias (MEC) estão unidas num epitélio em monocamada que forma a estrutura esférica dos alvéolos (ou ácinos) e assegura a sua função secretora (Figura 2). Estas células assentam sobre uma lâmina basal e são polarizadas. Elas recebem os nutrientes do sangue no seu pólo basal. No pólo apical, segregam os diferentes constituintes do leite.

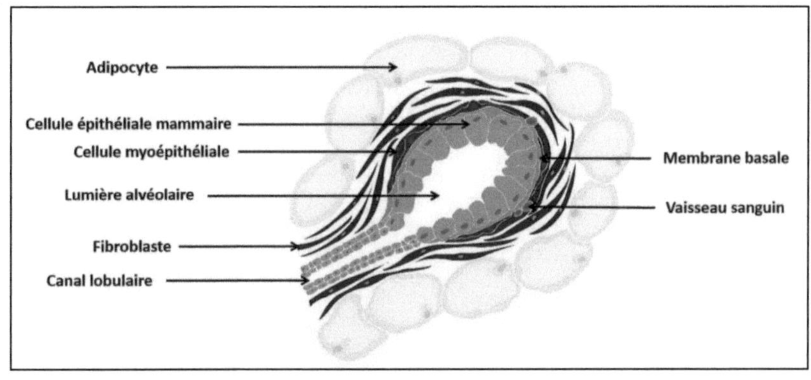

Figura 2: Estrutura do alvéolo mamário (Delouis e Richard, 1991).

• Tecido não secretor ou estroma: é constituído por tecido conjuntivo, tecido adiposo, músculo, vasos sanguíneos e linfáticos e nervos.

o Tecido conjuntivo: desempenha um papel na manutenção e no suporte da glândula mamária, que pesa entre 14 e 32 kg quando vazia, podendo ultrapassar os 50-60 kg nas vacas de alta produção. Por conseguinte, necessita de estruturas de apoio sólidas. Existem dois tipos de tecido conjuntivo no úbere: o tecido conjuntivo frouxo é constituído por células adiposas rodeadas por uma matriz de fibras e substância fundamental, e o tecido conjuntivo denso é constituído principalmente por ligamentos e tendões.

o Tecido muscular. Os alvéolos e os dutos de leite são circundados por tecido muscular liso conhecido como tecido mioepitelial. A contração das células mioepiteliais sob o efeito da oxitocina é responsável pela ejeção do leite.

o Vasos sanguíneos e linfáticos: O úbere é irrigado pela artéria pudenda externa e pela artéria perineal, que se subdividem numa rede cada vez mais fina. O sistema de recolha venosa é constituído pela veia pudenda externa, a veia mamária craniana e a veia pudenda interna.

O úbere possui também um sistema linfático que permite um grande afluxo de neutrófilos. A linfa passa através dos gânglios linfáticos retro-mamários.

o Nervos: O úbere é inervado pelos primeiros 4 pares de nervos lombares. O principal nervo do úbere é o nervo genitofemoral.

o Pele: A pele desempenha um papel secundário na sustentação e estabilização do úbere, sendo ligada ao tecido conjuntivo por fibras elásticas.

Teta: é a junção entre a cisterna glandular e a cisterna papilar e é constituída por um relevo anular e um plexo venoso proximal denominado círculo venoso de Fürstenberg. A cisterna papilar comunica com o exterior através de um ducto papilar curto (0,8-1,0 cm) que se abre no orifício papilar. O ducto papilar é dobrado longitudinalmente e tem um anel de dobras na sua extremidade proximal chamado roseta de Fürstenberg. Está coberto por um epitélio com várias camadas. O orifício papilar está rodeado por fibras musculares que formam o esfíncter papilar, que é importante para a regularidade do fluxo de leite (Figura 3).

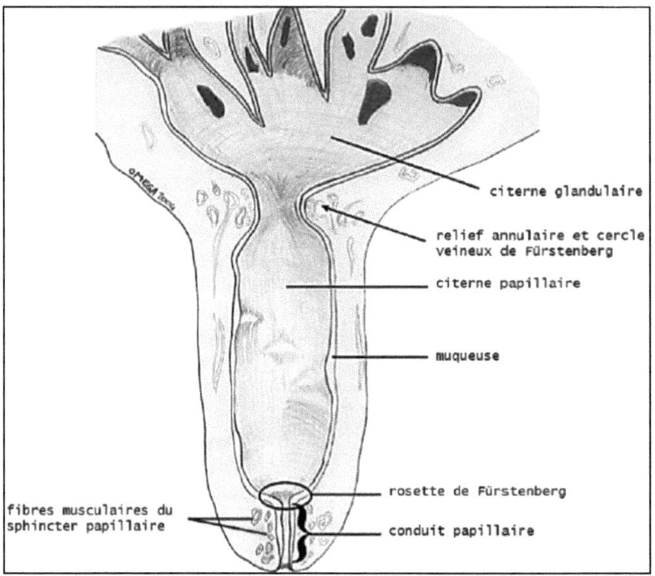

Figura 3: Anatomia da teta (Couture e Mulon, 2005)

2. Mamogénese

A produção de leite é o resultado de um longo processo de desenvolvimento e diferenciação do tecido mamário. Desde a vida embrionária até à primeira lactação, a glândula mamária passa por uma série de estádios de desenvolvimento controlados por hormonas, designados por mamogénese (desenvolvimento do parênquima glandular, ou seja, multiplicação celular e estabelecimento da organização lobuloacinar).

Durante a lactação, há três fases: lactogénese, galactopoiese e involução.

A lactogénese e a galactopoiese (duas fases ligadas à produção de leite) são igualmente controladas por hormonas: prolactina, glucocorticóides e hormona do crescimento. As capacidades proliferativas e regenerativas do tecido mamário durante os ciclos reprodutivos e as lactações fazem da glândula mamária um órgão único, permitindo-lhe renovar 50% das suas células durante uma lactação.

- **A lactogénese** é uma fase de diferenciação celular e de aquisição de actividades de síntese e de secreção do leite que ocorre imediatamente antes do parto. ᵉᵐᵉA partir do 150º dia de gestação, o sistema lóbulo-alveolar estabelece-se, substituindo progressivamente o tecido adiposo. Dez dias antes do parto, as células epiteliais mamárias hipertrofiam-se e adquirem as estruturas próprias da síntese e da secreção: aumento significativo do volume do citoplasma, migração do núcleo para uma posição basal, retículo endoplasmático rugoso muito desenvolvido, aparelho de Golgi associado a numerosas vesículas destinadas à secreção e grande número de mitocôndrias (Figura 4). A quantidade e a qualidade do tecido parenquimatoso são fatores determinantes na capacidade de produção de leite.

- **A galactopoiese** é a produção de leite pelas glândulas mamárias, que conduz à lactação. O leite é produzido e segregado continuamente. Este processo é autossustentável, mas diminui com o tempo. No seu pico, o epitélio pode sintetizar e segregar 15% do seu próprio peso por dia sob a forma de proteínas. Nas vacas, a secreção de leite aumenta rapidamente desde o parto até ao pico da lactação e depois diminui gradualmente ao longo do tempo. A secreção de leite depende do número e da atividade das células epiteliais mamárias (MECs). Após o pico da lactação, a perda de produção de leite deve-se, em parte, a um desequilíbrio entre a proliferação e a eliminação progressiva das MECs. Esta última é induzida por dois factores: a entrada das células secretoras em apoptose e a sua esfoliação.

- **Involução:** corresponde ao repouso do úbere e, portanto, ao período seco da lactação.

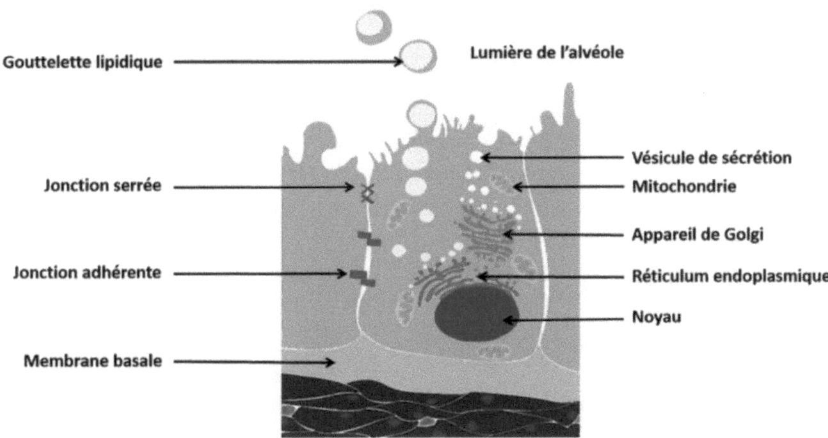

Figura 4: Organização de uma célula epitelial diferenciada (Jammes e Djiane, 1988)

LEITE

1. Definição

O leite é um líquido duas vezes mais viscoso do que a água, com um sabor ligeiramente doce e um odor suave. O seu sabor varia consoante a espécie animal, sendo agradável e doce.

De acordo com o Congresso Internacional de Controlo de Fraudes, é o produto integral da ordenha total e ininterrupta de uma vaca leiteira saudável, bem alimentada e sem excesso de trabalho. Deve ser recolhido de forma limpa e não deve conter colostro.

De acordo com o Codex Alimentarius, o leite é a secreção mamária normal dos animais de ordenha, obtida a partir de uma ou mais ordenhas, sem qualquer adição ou subtração, destinada ao consumo sob a forma de leite líquido ou a posterior transformação.

2. Composição do leite

O leite é um fluido biológico extremamente complexo. A composição do leite de diferentes espécies de mamíferos placentários contém uma série de componentes comuns, incluindo caseínas agregadas em micelas, triglicéridos segregados sob a forma de glóbulos de gordura, lactose e cálcio. No entanto, a composição fina varia quantitativa e qualitativamente de espécie para espécie e é influenciada por factores genéticos e de criação. Estas diferenças de composição determinam em grande medida as qualidades nutricionais, sensoriais e tecnológicas do leite.

Os leites de ruminantes têm um elevado teor de proteínas e são também caracterizados por uma elevada proporção de resíduos de ácidos gordos de cadeia curta (FA) nos triglicéridos. Os leites de vaca e de cabra têm as composições mais equilibradas de lípidos, lactose e proteínas (Quadro 1).

Quadro 1: Composição média do leite de diferentes espécies animais (Amiot et *al.*, 2002)

Animais	Água (%)	Teor de gordura (%)	Proteína (%)	Hidratos de carbono (%)	Minerais (%)
Vaca	87,5	3,7	3,2	4,6	0,8
Cabra	87,0	3,8	2,9	4,4	0,9
Ovelhas	81,5	7,4	5,3	4,8	1,0
Chamelle	87,6	5,4	3,0	3,3	0,7
Égua	88,9	1,9	2,5	6,2	0,5

2.1. Água

O leite contém uma média de 875 g/l de água, o elemento mais importante. Ela determina as diferentes fases do leite

- Solução real contendo açúcares, proteínas solúveis, minerais e vitaminas solúveis em água

- Solução coloidal contendo proteínas, nomeadamente caseínas

- Emulsão de gorduras em água

Esta água pode ser encontrada em dois estados:

- Água extra micelar: representa 90% da água total e contém quase toda a lactose, os sais minerais solúveis e o azoto solúvel. Uma pequena parte desta água está ligada a elementos hidrossolúveis, incluindo proteínas solúveis.

- Água intra-micelar: representa cerca de 10% da água total. Uma fração desta água está ligada às caseínas e a restante mantém as suas propriedades de solvente.

2.2 Hidratos de carbono

A lactose é o principal hidrato de carbono do leite. Regula parcialmente o volume de leite produzido graças ao seu poder osmótico. A lactose, um dissacárido constituído por glicose e galactose, é o único hidrato de carbono livre do leite presente em quantidades significativas, com um teor muito estável de 48 a 50 g/L. Contrariamente ao teor de butirato, o teor de lactose varia apenas ligeiramente. A lactose desempenha um papel nutricional especial e está envolvida na fermentação. Pode ser hidrolisada por ácidos fortes, mas sobretudo pela lactase. O leite de vaca contém ainda cerca de quarenta oligossacáridos. Estes estão a ser cada vez mais estudados pelo seu papel na qualidade nutricional do leite.

2.3 Minerais

Os minerais (ou matéria salina) estão presentes no leite em cerca de 7g/litro (Quadro 2). Os mais abundantes são o cálcio, o fósforo, o potássio e o cloro. Estas substâncias salinas encontram-se quer em solução, na fração solúvel, quer em forma ligada, na fração insolúvel (ou coloidal). Alguns minerais encontram-se exclusivamente no estado dissolvido sob a forma de iões (sódio, potássio e cloro) e são particularmente biodisponíveis. Os outros (cálcio, fósforo, magnésio e enxofre) existem em ambas as fracções. Na fração solúvel, existem em parte sob forma livre (cálcio e magnésio ionizados), em parte sob forma salina (fosfatos e citratos), não associados (cálcio e magnésio) ou sob forma complexa (ésteres fosfóricos e fosfolípidos). Na fração coloidal, os minerais (cálcio, fósforo, enxofre e magnésio) estão associados ou ligados à caseína no interior de micelas. O leite é uma fonte pobre de oligoelementos. Encontram-se geralmente em níveis relativamente baixos.

Quadro 2: Composição mineral do leite (Amiot et *al.*, 2002).

Minerais	Teor (mg/kg)	Oligoelementos	Teor (mg/kg)
Cálcio (Ca)	1180	Zinco (Zn)	3,80
Potássio (K)	1500	Ferro (Fe)	0,50
Cloro (Cl)	958	Iodo (I)	0,28
Fósforo (P)	896	Cobre (Cu)	0,10
Sódio (Na)	445		
Magnésio (Mg)	105		

A esta lista juntam-se alguns elementos, como o enxofre presente nas proteínas e os seguintes oligoelementos, que estão presentes em baixas concentrações em quantidades vestigiais: manganês, boro, flúor, silício, bromo, molibdénio, cobalto, bário, titânio, lítio e provavelmente alguns outros.

2.4. Vitaminas

Por um lado, existem as vitaminas hidrossolúveis (vitaminas do grupo B e vitamina C) em quantidades constantes. A vitamina B, e mais especificamente a B12, é mais abundante nos ruminantes do que nos animais monogástricos devido à sua origem microbiana. As outras vitaminas são lipossolúveis (A, D, E e K) (Quadro 3). Como estas vitaminas estão dissolvidas na gordura, são transferidas durante o processo de desnatação na nata e na manteiga, e não estão muito presentes nos produtos lácteos desnatados.

Quadro 3: Concentrações de vitaminas no leite de vaca (FAO, 1998)

Vitaminas hidrossolúveis	(mg/L)	Vitaminas lipossolúveis	(mg/L)
B1 (tiamina)	0.42	A	0,37
B2 (riboflavina)	1 ,72	ß-caroteno	0,21
B6 (piridoxina)	0,48	D (colecalciferol)	0,0008
B12 (cobalamina)	0,0045	E (tocoferol)	1, 1
Ácido nicotínico (niacina)	0,92	K	0,03
Ácido fólico	0,053		
Ácido pantoténico	3,6		
Biotina	0,036		
C (ácido ascórbico)	8		

2.5. Proteínas

O teor de proteínas corresponde ao teor de azoto total do leite. As proteínas do leite representam 95% da matéria azotada. Os restantes 5% são constituídos por AA livres, pequenos péptidos, azoto não proteico (principalmente ureia), creatinina e ácido úrico. O teor proteico do leite varia pouco, oscilando entre cerca de 30 e 35 g/kg.

Existem duas categorias principais de proteínas do leite: as micelas esféricas de caseína, que não são solúveis e medem entre 30 e 600 nm (180 nm em média), e as proteínas do soro, que são solúveis. As diferentes proteínas são apresentadas no quadro 4.

Quadro 4: Composição proteica do leite de vaca (Jensen, 1995).

Proteínas	Concentração (g/L)
Caseínas	
$\alpha s1$	10.0
$\alpha s2$	2.6
β	9.3
κ	3.3
γ	0.8
Proteínas solúveis	
β-lactoglobulina	3.2
α-lactalbumina	1.2
BSA (Albumina de Soro Bovino)	0.4
Imunoglobulinas (G, A e M)	0.8
Peptonas proteicas 8 (fragmentos de β-caseína)	0.5
Lactoforina	0.3
Lactoferrina	0.1

| Transferrina | 0.1 |
| Membrana dos glóbulos de gordura | 0.4 |

As caseínas são fosfoproteínas organizadas no leite sob a forma de micelas. [7]Existem cerca de 1,14 x 10 micelas de caseína por litro de leite, com um tamanho médio de 150 a 200 nm.

Nos bovinos, existem quatro tipos de caseína: αS1, αS2, β e κ. As micelas também contêm minerais, principalmente fosfato de cálcio (90%) e iões magnésio e citrato (10%). Embora as caseínas no interior da micela estejam ligadas entre si por fosfato de cálcio e as κ-caseínas estejam predominantemente presentes na superfície (Figura 5), a estrutura exacta da micela de caseína ainda não é unanimemente aceite.

Figura 5: Estruturas das micelas de caseína do leite nativo obtidas por microscopia eletrónica de varrimento com uma ampliação de x70000 (McMahon e McManus, 1998).

2.6. Gorduras e óleos

Nas vacas leiteiras, o teor de gordura do leite pode variar muito, de 30 a 60 g/L, mas normalmente situa-se entre 35 e 47 g/L. A gordura apresenta-se sob a forma de glóbulos de gordura (GG) em emulsão na fase aquosa do leite. [9]O leite de vaca contém uma média de 15 x 10 GGs e seu diâmetro varia de 0,2 a cerca de 15 μm (Figura 6). O tamanho dos GGs é muito importante porque afecta as propriedades tecnológicas e sensoriais dos produtos lácteos.

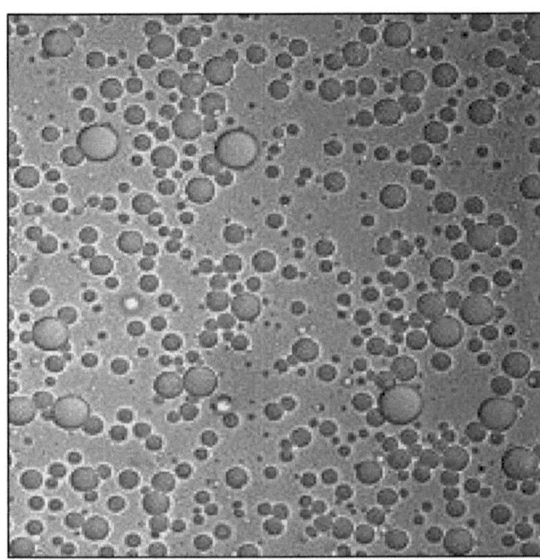

Figura 6: Glóbulos de gordura em leite nativo sob microscopia de luz (Lopez et *al.*, 2010).

Os lípidos no leite de vaca são 98% triglicéridos ou triacilglicéróis (TAGs), mas o leite também contém quantidades muito pequenas de ácidos gordos livres não esterificados, lípidos polares (glicerofosfolípidos e esfingolípidos), esteróis, carotenóides e vitaminas lipossolúveis (Tabela 5). Apesar da sua baixa quantidade, estes compostos lipídicos desempenham um papel funcional importante no leite nativo, estabilizando os glóbulos de gordura através da formação de uma membrana na interface.

Quadro 5: Composição média da gordura do leite e composição dos principais ácidos gordos que constituem os TAG (Croguennec et *al.*, 2008; Jensen, 2002)

Composto	Conteúdo (%)	Localização principal
Triacilgliceróis (TAG)	97,5	*no interior dos glóbulos de gordura*
Diacilgliceróis	0,36	*no interior dos glóbulos de gordura*
Monoacilgliceróis	0,027	*na interface (membrana nativa)*
Ácidos gordos livres	0,027	*na interface (membrana nativa)*
Fosfolípidos	0,6	*na interface (membrana nativa)*
Colesterol	0,31	*na interface (membrana nativa)*
Vitaminas lipossolúveis	0,01	-
Carotenóides	0,008	-
Hidrocarbonetos	Traços	-

Os TAGs do leite são formados por mais de 400 ácidos gordos diferentes. O leite de vaca contém 15 ácidos gordos principais (Tabela 6). A composição de ácidos gordos (FA) do leite é complexa. Estes ácidos gordos estão divididos em três famílias de acordo com o número de ligações duplas na sua cadeia de carbono. Os ácidos gordos saturados não têm ligações duplas, enquanto os ácidos gordos monoinsaturados e polinsaturados contêm uma e várias, respetivamente. A ligação dupla pode estar na configuração *cis* ou *trans*, dependendo do facto de as duas partes da cadeia de carbono em torno da ligação dupla estarem do mesmo lado (*cis*) ou de cada lado do plano da ligação dupla (*trans*). Os AG determinam em grande parte as propriedades físicas da gordura láctea (fusão, cristalização, textura).

Quadro 6: Concentração média dos 15 principais ácidos gordos no leite de vaca (Jensen, 2002; Chilliard, 2006).

Ácidos gordos	Nomenclatura	Concentração (g/100 g de GA total)
Butírico	C4:0	2-5
Caproico	C6:0	1-5
Caprílico	C8:0	1-3
Caprique	C10:0	2-4
Laurique	C12:0	2-5
Mirístico	C14:0	8-14
Pentadecanóico	C15:0	1-2
Palmítico	C16:0	22-35
Palmitoleico	C16:1 cis-9	1-3
Margarique	C17:0	0,5-1,5
Esteárico	C18:0	9-14
Oleique	C18:1 cis-9	20-30
Vacinas	C18:1 trans-11	1-3
Linóleo	C18:2 cis-9, cis-12	1-3
Linolénico	C18:3 cis-9, cis-12, cis-15	0,2-1,5

Assinaturas AG	68,5
Monoinsaturas AG	29
AG polinsaturados	2,9

2.7. Outros componentes do leite

- **Metabolitos do leite**

Os metabolitos são moléculas intermédias de vias metabólicas como a glicólise, o ciclo de Krebs, a respiração, a via das pentoses fosfato, etc. Foram identificados mais de 40 metabolitos diferentes no leite de vaca utilizando a Ressonância Magnética Nuclear (RMN). Outros métodos, como a fluorimetria, foram utilizados para quantificar os principais metabolitos do leite, como a glucose-6-fosfato, o isocitrato, a glutamina, o glutamato, etc.

- **Ácido desoxirribonucleico (ADN) e ácido ribonucleico (ARN)**

O ADN presente no leite provém principalmente de células somáticas, incluindo MCE esfoliadas e bactérias que podem ser encontradas no leite. É detectado através de testes de Reação em Cadeia da Polimerase (PCR). Existem também diferentes tipos de ARN, como o ARN mensageiro (ARNm). Estes RNAs são encontrados em diferentes fracções do leite, como o GG.

- **Células somáticas**

O leite contém predominantemente células somáticas imunes, leucócitos, incluindo células poliporfonucleares neutrófilas (PMN), linfócitos e macrófagos. Nas vacas, as MECs estão em minoria no leite, a sua proporção relativa na população celular varia de 2 a 45%. A presença de células imunitárias no leite é um indicador de inflamação mamária (mastite), geralmente de origem infecciosa.

- **Bactérias**

Em animais saudáveis, o leite contém poucos microrganismos quando a amostragem é efectuada em boas condições (menos de 5 000 germes/ml e menos de 1 coliforme/ml). Estes são essencialmente germes saprófitas do úbere e das condutas de leite. No entanto, nos animais doentes, podem encontrar-se outros microrganismos no leite, geralmente patogénicos.

As bactérias podem ser classificadas de acordo com o seu comportamento e os efeitos que provocam. Podem distinguir-se seis grupos: flora láctica, flora resistente ao calor, flora coliforme, flora psicrotrófica, flora butírica e flora patogénica.

3. Caraterísticas físico-químicas do leite

As principais propriedades físico-químicas utilizadas na indústria dos lacticínios são a densidade, o ponto de congelação, o ponto de ebulição e a acidez.

3.1 Densidade

A densidade de um líquido é definida como o quociente da massa de uma certa quantidade do líquido dividida pelo seu volume. Como a densidade depende muito da temperatura, é necessário especificar a temperatura (T) na qual ela é determinada. A densidade média do leite gordo a 20°C é de 1030 Kg.m^{-3}.

3.2. Densidade

Este valor corresponde à razão entre a massa de um volume de leite a uma dada temperatura e a massa do mesmo volume de água à mesma temperatura. A razão de massa do leite de vaca situa-se geralmente entre 1,023 e 1,040. Varia na mesma direção que o teor de matéria seca do leite.

3.3. Ponto de congelação

O ponto de congelação do leite é ligeiramente inferior ao da água pura, uma vez que a presença de sólidos solubilizados diminui o ponto de congelação. O seu valor médio situa-se entre -0,54 e -0,55°C, que é também a temperatura de congelação do soro sanguíneo. Esta propriedade física é medida para determinar se foi adicionada água ao leite. O humedecimento aumenta o ponto de congelação para 0°C, uma vez que o número de moléculas que não a água e os iões por litro diminui. De um modo geral, qualquer tratamento do leite ou alteração na sua composição que resulte numa alteração da sua quantidade resultará numa alteração do seu ponto de congelação.

3.4. Ponto de ebulição

O ponto de ebulição é definido como a temperatura atingida quando a pressão de vapor da substância ou solução é igual à pressão aplicada. Tal como o ponto de congelação, o ponto de ebulição é influenciado pela presença de sólidos solubilizados. É ligeiramente superior ao ponto de ebulição da água, ou seja, 100,5°C. Esta propriedade física diminui com a pressão. Este princípio é aplicado nos processos de concentração do leite.

3.5. Acidez do leite

A acidez do leite é o resultado da acidez natural, devida à caseína, aos grupos fosfato, ao dióxido de carbono e aos ácidos orgânicos, e da acidez desenvolvida, devida ao ácido lático formado durante a fermentação láctica. A medida da acidez titulável é geralmente expressa de duas maneiras: em percentagem (%) de equivalentes de ácido lático ou em graus Dornic (°D);

1°D representa 0,1 g/l de ácido lático. A acidez do leite deve situar-se entre 14 e 18 °D. O leite fresco tem uma acidez de 18 °D.

3,6 pH

O pH do leite de vaca varia normalmente entre 6,5 e 6,7 (a 20°C), pelo que é muito ligeiramente ácido. [+]Ao contrário da acidez titulável, o pH não mede a concentração de compostos ácidos, mas sim a concentração de iões H em solução. Os valores de pH representam o estado de frescura do leite, nomeadamente no que diz respeito à sua estabilidade, uma vez que é o pH que influencia a solubilidade das proteínas, ou seja, a obtenção do ponto isoelétrico. O leite com uma acidez muito desenvolvida terá um pH inferior a 6,6, porque o ácido lático é um ácido suficientemente forte para se dissociar e baixar o pH num valor mensurável. Da mesma forma, como o colostro é ácido, um pH do leite muito baixo também pode ser indicativo da presença de colostro, ou seja, ordenha muito cedo após o parto. Por outro lado, no caso de mastite, o pH aumenta porque o leite contém substâncias básicas. Dois leites podem, portanto, ter níveis de pH idênticos, ou seja, estar no mesmo estado de frescura, mas ter acidez titulável diferente.

RESUMO DOS PRINCIPAIS CONSTITUINTES DO LEITE

Os constituintes do leite têm duas origens possíveis, ou no sangue (água, vitaminas, minerais, albumina sérica, imunoglobulinas, etc.), ou na glândula mamária através da sua síntese pelas MECs a partir dos nutrientes do sangue. A síntese dos constituintes do leite é possível graças à adaptação coordenada do metabolismo dos vários tecidos e órgãos que fornecem nutrientes à GM.

1. Vias secretoras

Os constituintes podem ser segregados através de uma de 5 vias de secreção nas CEM: (a) transmembranar, (b) exocitose, (c) via de secreção lipídica, (d) transcitose e (e) paracelular.

a. Na via membranar, as substâncias podem atravessar a membrana celular apical (e, no caso das substâncias derivadas diretamente do sangue, a membrana basolateral). Exemplos: água, ureia, glucose, Na, K e Cl.

b. Na via de Golgi, os produtos de secreção são transportados ou sequestrados pelo aparelho de Golgi e segregados no espaço do leite por exocitose. São exemplos a caseína, a proteína do soro de leite, a lactose, o citrato e o cálcio.

c. Na via da gordura do leite, os glóbulos de gordura do leite são libertados a partir do ápice da célula secretora, rodeados por uma bimembrana (membrana do glóbulo de gordura do leite); por vezes, é incluído algum citoplasma. Exemplos: gordura do leite, hormonas e medicamentos lipossolúveis, certos factores de crescimento desconhecidos (na membrana do glóbulo de gordura do leite) e leptina.

d. Na transcitose, o transporte vesicular envolve vários organelos, podendo, em alguns casos, envolver também a extrusão através da segunda via (b). São exemplos as imunoglobulinas durante a formação do colostro, a transferrina e a prolactina.

e. Na via paracelular, existe uma passagem direta do líquido intersticial para o leite.

Em plena lactação, predominam as vias 1, 2, 3 e eventualmente 4

1.1 Componentes do sangue filtrado

Os constituintes diretamente filtrados passam do sangue para o lúmen dos ácinos através das células lactogénicas do epitélio mamário. É o caso de :

Água, ureia, minerais e vitaminas.

Determinadas proteínas: albumina sérica, transferrina, determinadas enzimas e anti-enzimas e imunoglobulina G (IgG).

Aminoácidos, creatinina, ácido úrico, amoníaco e creatina.

Alguns ácidos gordos são também transferidos inalterados do sangue para o leite. Estes incluem 50% dos ácidos gordos com 16 átomos de carbono e ácidos gordos com mais de 16 átomos de carbono: provêm diretamente da dieta e são transportados pelo sangue sob a forma de ácidos gordos não esterificados, quilomícrons e lipoproteínas de muito baixa densidade (VLDL).

1.2 Componentes sintetizados pelo úbere

1.2.1. Lactose

A lactose é o principal açúcar do leite. É um diholósido resultante da combinação de uma molécula de glucose e uma molécula de galactose. A glucose provém do sangue e a galactose é sintetizada a partir da glucose no úbere.

As células lactogénicas têm a capacidade de isomerizar uma parte da glicose que retiram do sangue em galactose, ligando a molécula de glicose a uma molécula de difosfato de uridina (UDP), obtendo assim UDP-galactose. Esta reação no aparelho de Golgi envolve a α-lactalbumina e a UDP-galactosil-transferase.

O poder osmótico da lactose é alto, fazendo com que a água entre nas vesículas de Golgi por osmose, a fim de diluir a lactose recém-sintetizada. Como resultado, o conteúdo de lactose do leite é relativamente constante e a quantidade de lactose sintetizada é um dos principais determinantes da quantidade de leite exportada pela glândula mamária.

1.2.2. Proteínas

As proteínas presentes no leite provêm quer da síntese nas MECs quer do plasma. As caseínas αs1, αs2, β e κ, β-lactoglobulina e α-lactalbumina são sintetizadas *de novo* pelas MECs nos polissomas do retículo endoplasmático rugoso a partir de aminoácidos do plasma sanguíneo. Uma vez sintetizadas, as proteínas viajam entre o retículo endoplasmático e o aparelho de Golgi. É no aparelho de Golgi e na rede transgolgi que as proteínas sofrem modificações pós-traducionais (fosforilação, glicosilação ou sulfatação). As caseínas, nomeadamente, são fosforiladas pelas caseínas quinases, o que lhes permite agregarem-se em micelas na presença de cálcio e de fosfato inorgânico. As proteínas assim modificadas são transportadas por vesículas secretoras para a membrana apical das MECs e segregadas por fusão com esta. O principal fator que limita a sua síntese é a disponibilidade de AA da corrente sanguínea. Estes AA são também uma fonte de azoto e de carbono e podem, por conseguinte, ser utilizados para sintetizar outros AA ou em determinadas vias metabólicas, como o ciclo de Krebs. A γ-caseína não é sintetizada pelos EMCs. Resulta da hidrólise da parte C-terminal da β-caseína pela plasmina.

As proteínas plasmáticas (imunoglobulinas, albumina sérica) são secretadas no leite através de mecanismos de transcitose, ou seja, as proteínas são endocitadas ao nível basolateral das MECs e depois transportadas para o pólo apical para secreção (Figura 7).

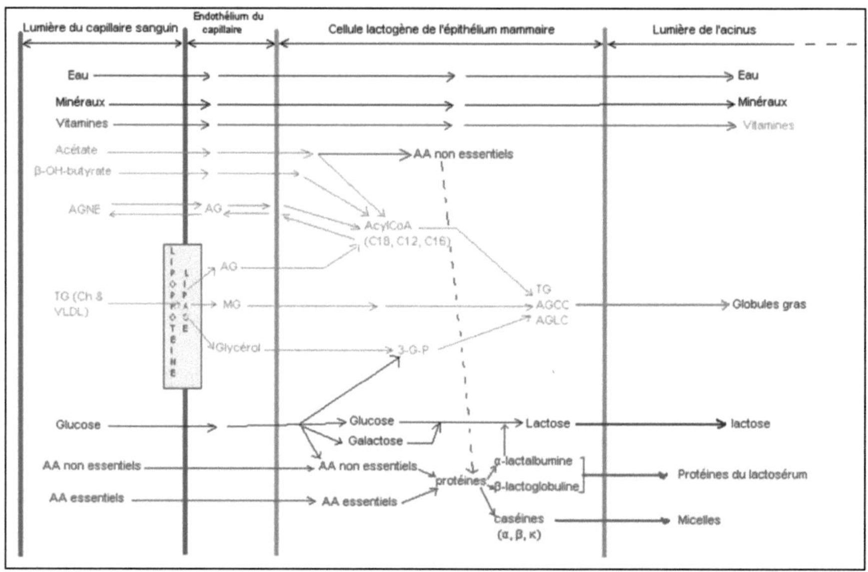

NEFA = ácidos gordos não esterificados; FA = ácidos gordos; AcilCoA (C18, C12, C16) = Acil-coenzima A; MG = monoglicéridos; TG = triglicéridos; Ch = quilómetro; VLDL = lipoproteína de muito baixa densidade; 3-G-P = fosfato de 3-glicerol; AA = aminoácidos; SCFA = ácidos gordos de cadeia curta; LCFA = ácidos gordos de cadeia longa.

Figura 7: Origem global dos componentes do leite (Wattiaux, 1997)

1.2.3. Gordura

A matéria gorda láctea é particularmente complexa, tanto em termos de composição como de estrutura. Existem nada menos que 7 famílias complexas de lípidos. No seu estado nativo, a gordura do leite assume a forma de glóbulos de gordura (FG), que são gotículas de triglicéridos rodeadas e estabilizadas na fase aquosa do leite por uma membrana.

Os ácidos gordos do leite provêm tanto da síntese *de novo* na glândula mamária (40% dos ácidos gordos segregados no leite) como da remoção direta dos ácidos gordos do plasma e da modificação de parte destes últimos para dar outros ácidos gordos (60%) (Figura 8).

- ***Síntese de novo***

As células lactogénicas podem sintetizar certos ácidos gordos a partir do ß-hidroxibutirato e do C2 (acetato) provenientes da fermentação ruminal, cujas formas activas nas células epiteliais mamárias são, respetivamente, o butiril-CoA e o acetil-CoA.

Estes dois substratos são absorvidos pela enzima acetil-CoA carboxilase, que é responsável pela ativação do acetil-CoA para formar malonil-CoA. Estes AG são depois submetidos a múltiplas reacções de condensação pela sintase dos ácidos gordos (FAS), que são interrompidas pela enzima tioesterase I para formar ácidos gordos saturados (AGS) de cadeia curta e média. A síntese *de novo* produz todos os ácidos gordos C6:0 a C12:0, 95% dos C14:0 e 50% dos C16:0 na gordura do leite.

- ***Amostragem de plasma***

Os ácidos gordos não esterificados (NEFA) plasmáticos são extraídos pela ação da lipase lipoproteica (LPL) sobre os triglicéridos presentes nos quilomícrons intestinais e/ou nas lipoproteínas de muito baixa densidade (VLDL) provenientes do fígado. Os NEFAs absorvidos provêm igualmente da mobilização das reservas corporais (no início da lactação). Dos AGL do leite, 50% do C16:0 e todos os AGL com número de carbono maior ou igual a 18 provêm da recolha de plasma.

- ***Dessaturação e esterificação de ácidos*** gordos

Alguns dos AF de cadeia média (C12:0, C14:0, C16:0) ou de cadeia longa (C18:0, *trans11-C18*:1, C20:0 a C24:0) são dessaturados na posição Δ9 pela Δ9-desaturase mamária, cuja atividade varia em função do comprimento do AF em questão e do isómero considerado.

No retículo endoplasmático das células secretoras mamárias, os AG livres são esterificados numa molécula de glicerol-3-fosfato obtida diretamente do plasma ou sintetizada na glândula mamária a partir da glicose. Esta etapa é efectuada por três enzimas acil-transferases específicas, adicionando sucessivamente um AG a uma das 3 posições do glicerol-3-fosfato para obter um triglicérido.

Os TGs são então transferidos para gotículas lipídicas antes de serem secretados no leite por exocitose.

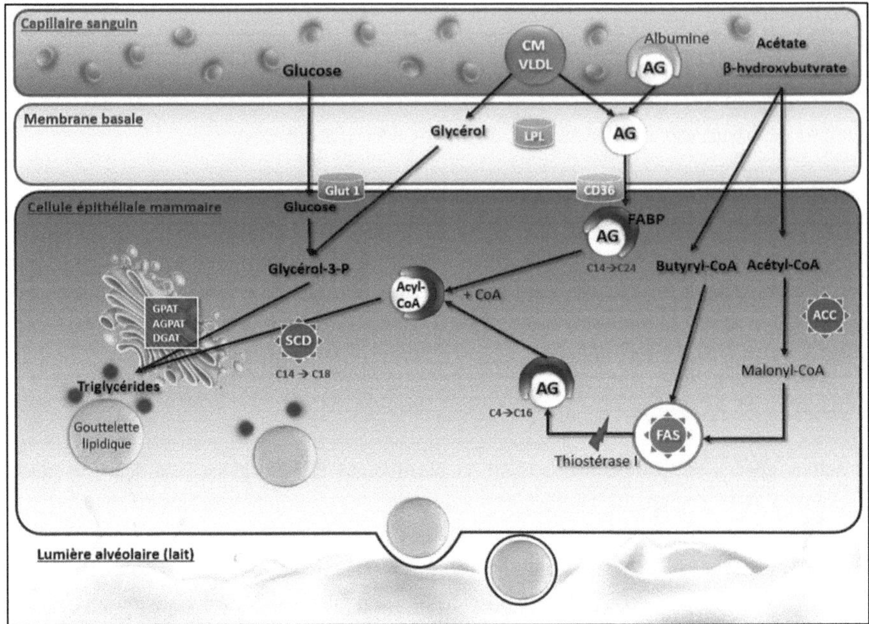

ACC, acetil-CoA carboxilase; AGPAT, 1-acilglicerol 3-fosfato aciltransferase; CD36, grupo de diferenciação 36; CoA, coenzima A; CM, quilomícron; DGAT, diacilglicerol aciltransferase 1; FA, ácido gordo; FABP, proteína de ligação aos ácidos gordos; FAS, ácido gordo sintase; Glut 1, transportador de glicose 1; GPAT, glicerol-3 fosfato aciltransferase; LPL, lipoproteína lipase; MFG, glóbulo de gordura do leite; SCD, estearoil-CoA dessaturase; TAG, triglicérido; VLDL, lipoproteína de densidade muito baixa.

Figura 8: Metabolismo de ácidos graxos na célula epitelial mamária em ruminantes: síntese de novo, captação plasmática, esterificação e secreção no leite (De Ofeu Aguiar Prado, 2018).

2. *Recordação de certos conceitos*

o *Ácidos gordos voláteis*: Os AGV são ácidos gordos com uma cadeia de carbono curta (menos de seis átomos de carbono). Os primeiros quatro ácidos gordos são conhecidos como voláteis: ácido acético (CH3-COOH), ácido propiónico (CH3-CH2-COOH), ácido butírico (CH3-CH2-CH2-COOH), ácido valeriânico (CH3-CH2-CH2-CH2-COOH).

o *Os diferentes tipos de ácidos gordos de acordo com a sua estrutura* (Figura 9).

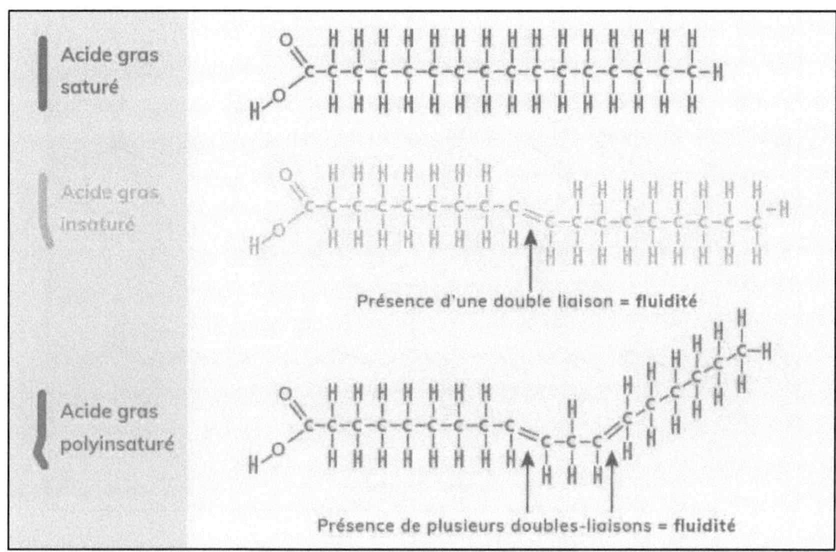

Figura 9: Os diferentes tipos de ácidos gordos de acordo com as suas estruturas
https://www.pensersante.fr/acides-gras-satures-ou-insatures-quelle-difference

o *Ácidos gordos trans e cis*: Os ácidos gordos insaturados existem na forma cis ou *trans*, dependendo da posição dos átomos de hidrogénio ligados aos átomos de carbono unidos por ligações duplas.

Se os átomos de hidrogénio estiverem do mesmo lado da cadeia de carbono, a disposição é chamada *cis*.

Se os átomos de hidrogénio estiverem em ambos os lados da cadeia de carbono, o arranjo é chamado *trans* (Figura 10).

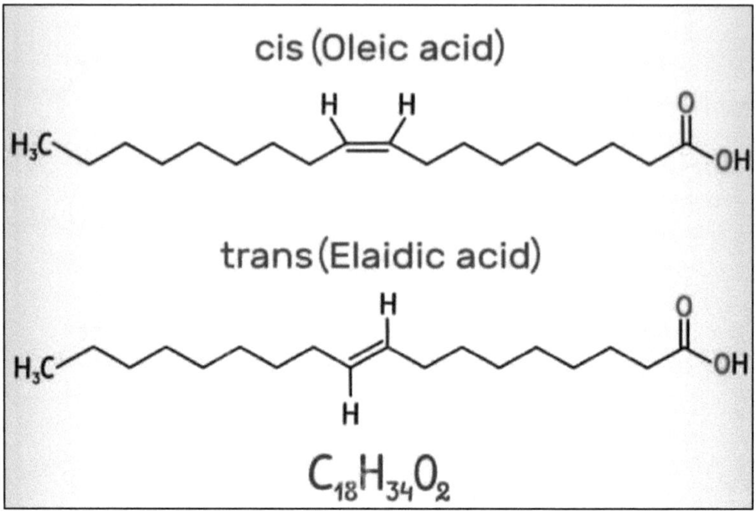

Figura 10: Ácidos gordos trans e cis.https://fr.dreamstime.com/transport-cis-
%C3%A9la%C3%AFdique-acide-ol%C3%A9ique-d-les-acides-gras-omega-
isom%C3%A8res-g%C3%A9om%C3%A9triques-formule-chimique-structurelle-
image154963911

o *Dessaturase dos ácidos gordos*: as delta-desaturases são enzimas que actuam sobre uma ligação carbono-carbono cuja posição é definida em relação à extremidade do grupo hidroxilo (OH) (por exemplo, a estearil-CoA9-desaturase ou Δ9-desaturase permite a passagem do ácido esteárico saturado para o ácido oleico, um ácido gordo monoinsaturado da família ómega 9).

PROCESSAMENTO DE GORDURAS

A gordura do leite é um componente essencial dos produtos lácteos, e a sua transformação é um processo que produz uma vasta gama de produtos deliciosos e nutritivos.

1. Glóbulo gorduroso (GG)

1.1 Secreção dos glóbulos gordos

A síntese e a secreção de MG têm lugar no interior da célula epitelial mamária: a síntese de MG tem lugar no retículo endoplasmático situado na região basal da célula epitelial, depois o MG transita para o ápice da célula epitelial onde é segregado sob a forma de um GG. Os triglicéridos (TG) sintetizados acumulam-se na superfície interna ou no interior da própria membrana do retículo, formando microgotículas, de modo a que, quando são libertados para o citoplasma, as gotículas estejam cobertas pela membrana (Figura 11). O crescimento e o trânsito do glóbulo de gordura são dois fenómenos totalmente ligados, uma vez que o seu crescimento ocorre durante o trânsito da região basal para a região apical da célula epitelial. Ao sair do retículo, o GG não ultrapassa 0,5 µm e cresce para um tamanho que varia até mais de 4 µm. O principal fenómeno que explica este crescimento é a fusão das microgotículas. Os GGs são secretados através de um processo de envolvimento progressivo pela membrana plasmática apical. Este processo, conhecido como secreção apócrina, é considerado maioritário.

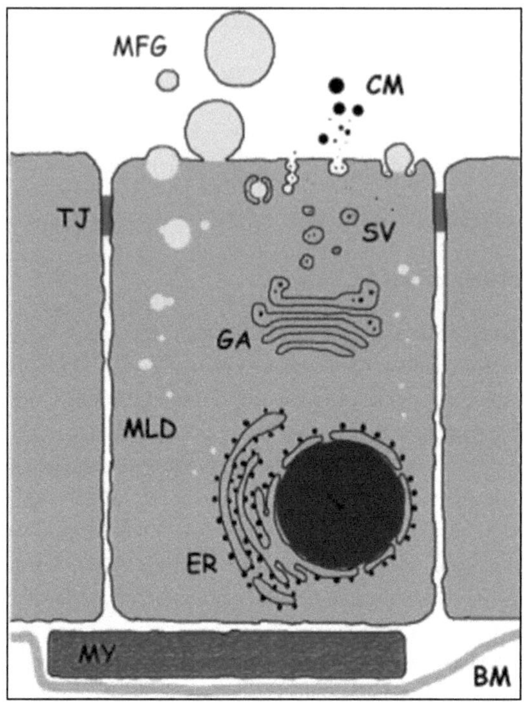

MFG: glóbulos de gordura; CM: micela de caseína; SV: vesículas secretoras; TJ: junção estanque; GA: aparelho de Golgi; MLD: microgotícula lipídica; N: núcleo; ER: retículo endoplasmático; MY: célula mioepitelial; BM: membrana basal.

Figura 11: Representação esquemática modificada de possíveis vias de secreção de gordura (Heid e Keenan 2005).

1.2 Estrutura da célula adiposa

A membrana GG, que representa 2 a 6% da sua massa total, é derivada diretamente das membranas celulares (retículo endoplasmático liso, golgi e membrana apical) e dos conteúdos citoplasmáticos. É constituída por três partes distintas

- A primeira parte, a mais externa, é uma bicamada lipídica derivada diretamente da membrana apical. Tal como outras membranas biológicas, esta bicamada tem uma estrutura fosfolipídica assimétrica, com fosfatidilcolina e esfingomielina principalmente no lado exterior da bicamada e fosfatidiletanolamina e fosfatidilinositol no lado interior.

- Pensa-se que a segunda parte, mais interna, provém da fração citosólica retida entre a gotícula lipídica e a membrana apical no momento da secreção. Esta parte da membrana GG contém xantina oxidase (12%) e butirofilina (40%), as duas principais proteínas da membrana GG.

- A terceira parte corresponde a uma monocamada de proteínas e lípidos polares provenientes do retículo endoplasmático e já presentes na superfície das gotículas lipídicas no interior da célula (Figuras 12 e 13).

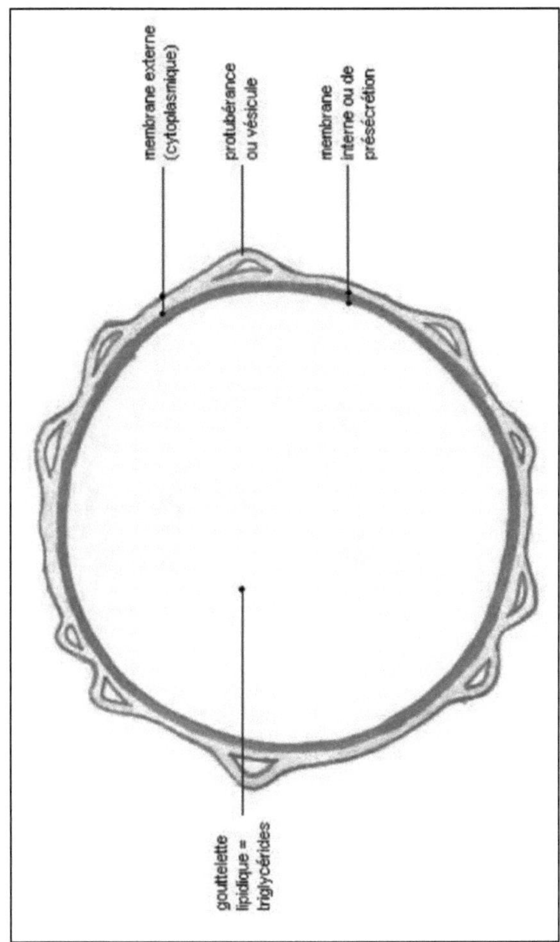

Figura 12: Glóbulo de gordura (Mathieu, 1997)

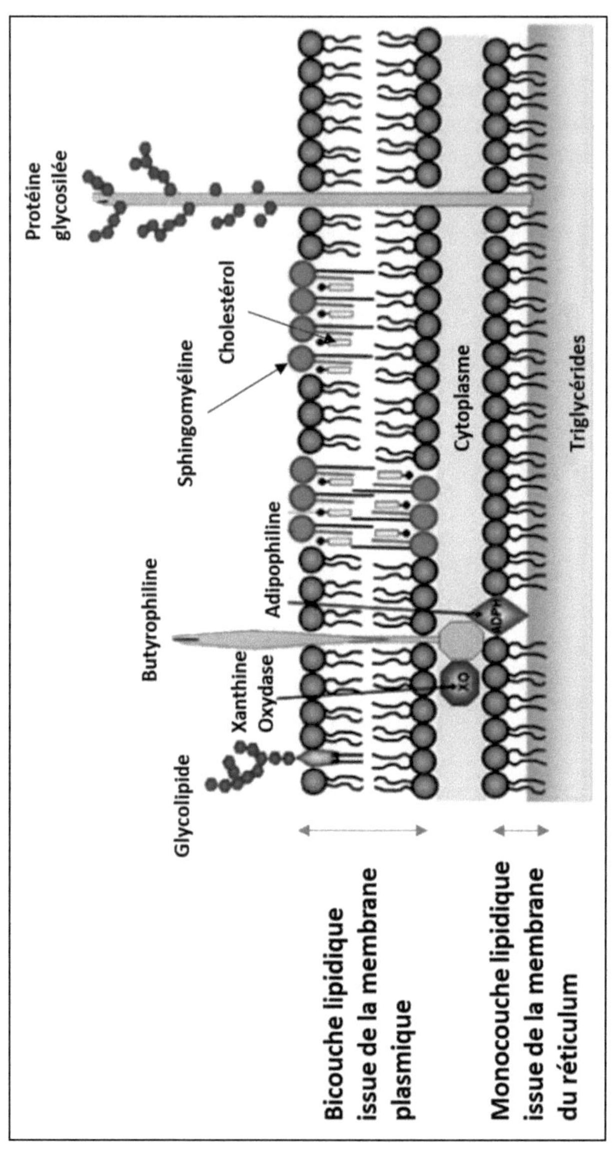

Figura 13: Estrutura da membrana do glóbulo de gordura (Lopez, 2011).

1.3 Impacto dos processos na composição da membrana do glóbulo de gordura (MFGM)

1.3.1 Impacto do tratamento térmico do leite

- *Refrigeração do leite*

Durante o armazenamento a frio (4°C), a membrana dos glóbulos de gordura do leite sofre algumas alterações. Algumas proteínas (por exemplo, a lactoferrina) associam-se mais à membrana, enquanto outras (por exemplo, a β-caseína) dissociam-se parcialmente. No que diz respeito aos fosfolípidos, a refrigeração pode levar à dissociação de uma proporção variável de fosfolípidos. Estas perdas são irreversíveis.

- *Aquecer o leite*

O aquecimento do leite gordo resulta na perda de algumas proteínas MFGM. Um tratamento térmico com a duração de 10 minutos a 50°C resulta na perda de cerca de 50% das proteínas.

O aquecimento do leite gordo também leva a perdas de componentes lipídicos. O tratamento térmico durante 20 minutos a 80°C resultaria numa perda significativa de triacilgliceróis (TAGs) e numa perda negligenciável de fosfolípidos. No entanto, vários estudos mostram que o tratamento térmico do leite ou da nata resulta na associação de proteínas do soro com MFGM, principalmente β-lactoglubulina.

1.3.2 Impacto dos tratamentos mecânicos

- *Agitação*

A batedura é um tratamento mecânico que destrói os glóbulos de gordura e liberta o seu material de membrana no leitelho.

Estudos demonstraram que variáveis como o pH da nata ou a sua temperatura durante a batedura podem influenciar as proporções de proteínas não membranares encontradas nos extractos de fragmentos de MFGM. A batedura envolve a incorporação de ar para a formação de espuma e uma proporção de gordura líquida deve estar presente para permitir a inversão de fase.

A incorporação de ar no leite causa danos significativos à MFGM. Os glóbulos de gordura fixam-se à superfície das bolhas de ar e libertam o seu material de membrana e parte do seu conteúdo. Quando a bolha de ar é destruída, o material da membrana é libertado para a fase aquosa.

- *Homogeneização*

O principal efeito da homogeneização do leite é a redução do tamanho dos glóbulos de gordura. Isto resulta num aumento da superfície total de gordura. Uma vez que os componentes da membrana não estão presentes em quantidade suficiente, as proteínas do leite, principalmente as caseínas, são utilizadas para estabilizar a superfície dos glóbulos.

2. Transformação

2.1. Nata

A nata pode ser definida como uma emulsão de óleo em água de origem láctea. A nata pode ser definida como um leite 10 vezes mais concentrado em matéria gorda. O termo "nata" é reservado ao leite com pelo menos 30% de matéria gorda, exclusivamente de origem láctea, pasteurizado ou não.

2.1.1. Desnatação

* *Desnatação natural*

A desnatação espontânea é um fenómeno natural em que a nata sobe lentamente à superfície do leite devido à sua diferença de densidade em relação ao leite desnatado. Este tipo de desnatação é utilizado nas pequenas queijarias artesanais. Consiste em deixar o leite num recipiente largo, numa camada fina (10 a 15 cm) a uma temperatura de 8 a 14°C sem agitação. Após um repouso de 12 a 24 horas, a nata que subiu à superfície é recolhida com uma concha plana. Este método de desnatação é imperfeito; nas melhores condições, a quantidade de matéria gorda da nata não ultrapassa 80 a 85% da matéria gorda do leite. Este fenómeno de cremação deve-se também à presença de aglutininas no leite que, em condições adequadas, provocam a aglutinação da gordura.

* *Desnatação mecânica*

O leite gordo é primeiro pré-aquecido a uma temperatura de até 63°C e desnatado para obter uma nata com um teor de gordura de cerca de 30-55%. A força centrífuga da desnatadeira acelera a separação dos componentes do leite: os componentes mais densos deslocam-se para as paredes exteriores enquanto os mais leves, as gorduras, se juntam no centro para formar a nata (Figura 14).

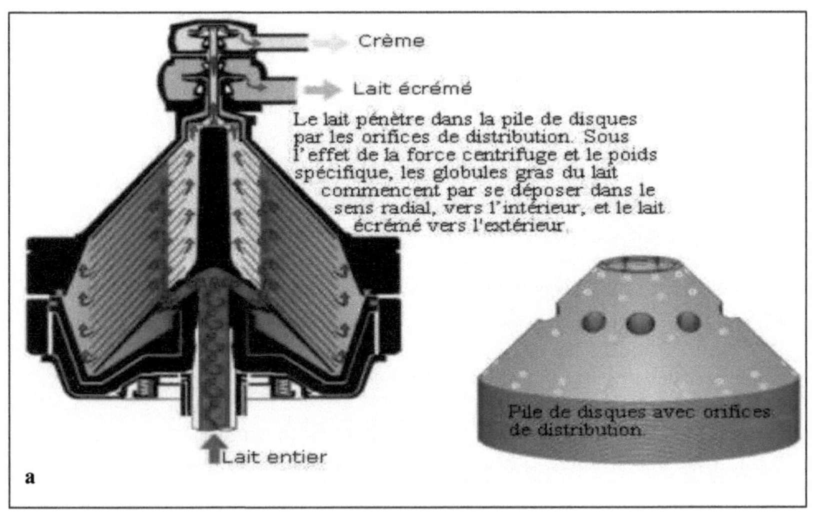

a: Esquema da cuba de um escumador centrífugo (secção vertical), b: vista geral de um escumador.

Figura 14: Centrifugadora para desnatar o leite (Boutonnier, 2007).

- *Factores que influenciam a eficiência da desnatação*

o As partículas em suspensão no leite interferem na separação dos glóbulos de gordura. É por esta razão que, à chegada à fábrica, o leite é submetido a uma filtração grosseira.

o A temperatura óptima de desnatação situa-se entre 50 e 55°C. O aumento da temperatura tem a dupla vantagem de reduzir a viscosidade do líquido e de aumentar a diferença entre as densidades da fase gorda e do leite desnatado.

o O ar, presente no leite e incorporado durante as várias transferências, reduz a eficiência de separação da centrífuga e inicia e acelera os processos de alteração da gordura.

2.1.2. Pasteurização e desgaseificação da nata

A nata é pasteurizada com escalas de tratamento térmico da ordem dos 85-110°C durante 10 a 30 segundos. Este tratamento destrói os germes patogénicos e a maior parte dos germes saprófitas, destrói as lipases que provocam o ranço, forma compostos de enxofre redutores que impedem a oxidação dos lípidos e controla seguidamente a maturação láctica da nata. Antes ou depois da pasteurização, a nata pode ser desaerada. Este ar provoca uma perda de precisão nas medições volumétricas, bem como o risco de oxidação dos ácidos gordos insaturados. A nata pode igualmente conter substâncias mal cheirosas: Provenientes da alimentação (plantas silvestres das pastagens, couves forrageiras, etc.); provenientes da fixação, pela gordura láctea, de odores de diversas substâncias (produtos de higiene, solventes diversos, etc.) e resultantes da atividade enzimática ou microbiana. Para isso, a nata é aquecida a uma temperatura de 78°C antes de ser submetida a um vácuo que permite a evaporação dos sabores e odores indesejáveis num ciclone no qual a nata circula numa camada fina sobre a parede.

2.1.3. Maturação biológica

Para aumentar a viscosidade do creme e obter um creme espesso, este é submetido a uma maturação biológica. Esta maturação dura entre 15 e 20 horas. Realiza-se a baixas temperaturas, da ordem dos 14-15°C, para favorecer as estirpes microbianas aromáticas (*Lactococcus* diacetilactis, *Lactococcus acetoïnus*, *Leuconostoc cremoris* e *Leuconostoc citrovorum*) que fermentam os citratos e produzem o diacetilo, caraterístico do sabor a manteiga (sabor a avelã), ou mais elevado, para 20-23°C, a fim de favorecer as estirpes microbianas acidificantes (*Lactococcus lactis* e *lactococcus cremoris*) que transformam a lactose em ácido lático. Os valores de pH variam consoante o tipo de creme, sendo de 6,2 a 6,3 para os cremes frescos e de 4,5 a 4,6 para os cremes ácidos. É a partir do pH 5,0 que a viscosidade da nata aumenta e que as bactérias *Leuconostoc* se desenvolvem, produzindo o sabor. A fermentação dura o tempo necessário para obter a acidez desejada (cerca de 15 a 18 horas). Um tempo de fermentação mais longo acentua o sabor da manteiga.

2.1.4. Classificação dos cremes

• **Por destino:** Cremes para o mercado de consumo; Cremes para o mercado industrial de segunda transformação (molhos, pratos prontos, sobremesas, etc.); Cremes para a produção industrial de manteiga e seus derivados.

• **Consoante o teor de matéria gorda:** natas leves (com 10 a 20 % de matéria gorda); natas normais (com pelo menos 30 % de matéria gorda).

• **Consoante o tratamento:** Nata crua (sem qualquer tratamento); nata pasteurizada; nata esterilizada; nata UHT; nata congelada; nata ultracongelada.

• **Segundo a sua apresentação:** natas fluidas; natas espessas (maturadas); natas batidas (batidas por incorporação de ar); natas pressurizadas (acondicionadas em recipientes metálicos herméticos com óxido nitroso para garantir a sua batida); natas açucaradas; natas aromatizadas (Figura 15).

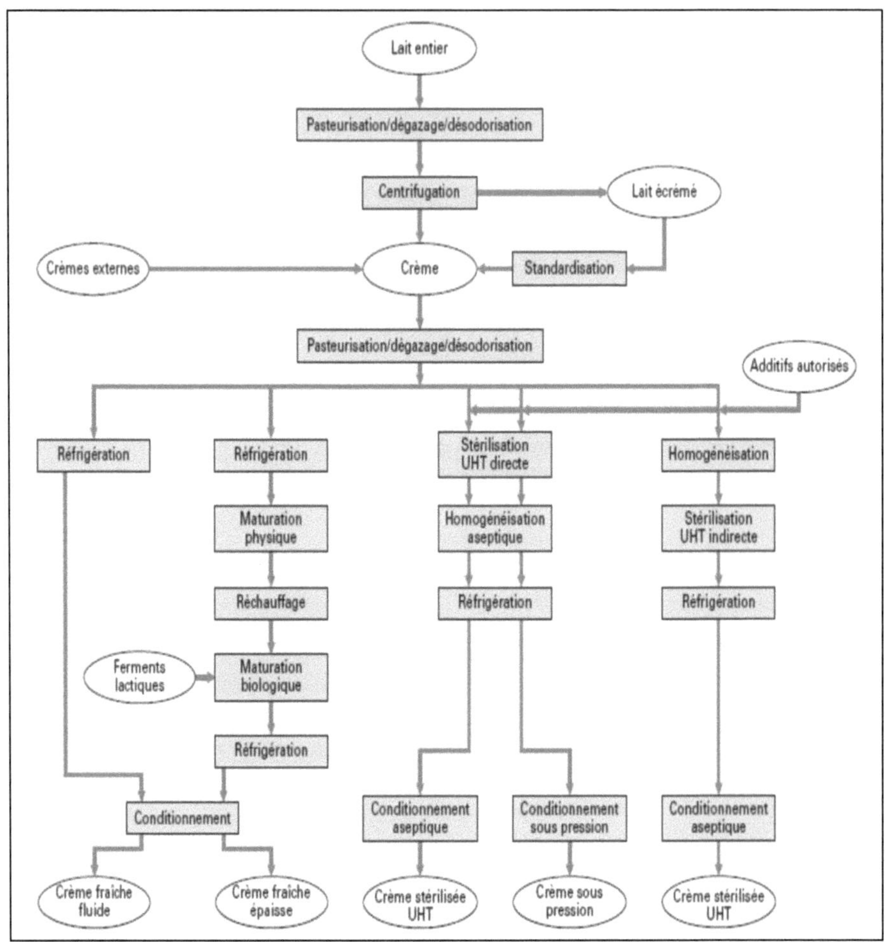

Figura 15: Diagrama de produção de diferentes cremes de consumo (Boutonnier, 2007).

2.1.5. Defeitos de qualidade da nata

A nata, como todos os produtos lácteos, pode apresentar defeitos de qualidade relacionados com a matéria-prima, os processos de fabrico ou a conservação. Alguns destes defeitos são enumerados no quadro seguinte (quadro 7).

Quadro 7: Defeitos na nata (Anónimo 1, 2019)

Defeitos	Origens	Prevenção/correção
Afloramento (sinérese)	Acidificação excessiva. Problemas de cadeia de frio durante a armazenagem.	Temperatura de fermentação e maturação. Controlo de T°C.
Creme demasiado espesso	Excesso de gordura sólida. Excesso de acidificação.	Composição da gordura (verão/inverno) Armazenamento a frio durante demasiado tempo. Reduzir a maturação biológica.
Manteiga nas natas	Agitação excessiva.	Evitar agitar demasiado o creme.
Sabor ácido e azedo	Acidificação excessiva. Contaminação por bactérias de deterioração. Problema na cadeia de frio durante a armazenagem.	Temperatura de fermentação e maturação. Higiene e embalagem. Controlo de T°C.
Rance	Oxidação. Alteração do teor de gordura.	Estanquidade da embalagem. Higiene da máquina de ordenha e do equipamento.

2.2. Manteiga

Certas operações são idênticas às da nata, nomeadamente a normalização, a pasteurização e a desaeração/desodorização.

2.2.1. Maturação física da nata

A maturação física, que visa solidificar uma parte dos triglicéridos, é uma operação essencial para a obtenção de manteiga de qualidade óptima e constante, apesar da variabilidade da qualidade da nata. A aplicação de um ciclo térmico adequado permite controlar a cristalização dos triglicéridos, corrigindo assim os efeitos da estação.

Os ciclos de temperatura são escolhidos de modo a otimizar o teor de gordura líquida, que deve situar-se entre 65 e 90% do teor total de gordura. Se o teor de gordura for demasiado elevado, o leitelho perde gordura, uma vez que os glóbulos de gordura tendem a homogeneizar-se em vez de se aglomerarem. Por outro lado, se o teor de matéria gorda for demasiado baixo, a inversão de fase será retardada e os grânulos de manteiga não se aglomerarão.

Um arrefecimento muito rápido provoca a formação de cristais mistos, nos quais os triacilgliceróis de baixo ponto de fusão se encontram presos numa estrutura de triacilgliceróis de alto ponto de fusão. A manteiga resultante será muito dura. Um arrefecimento mais lento permite um melhor controlo da cristalização da gordura e uma textura mais macia. O programa de ciclos de temperatura (quente-frio-frio ou frio-quente-frio) é escolhido de acordo com o ponto de fusão da gordura da nata (dado pelo índice de iodo). O tempo de maturação é geralmente de 12 a 15 horas e é também durante esta fase que são adicionados fermentos para produzir uma manteiga de cultura, se necessário.

2.2.2. Maturação biológica da nata

Esta operação é efectuada no âmbito dos processos de produção tradicionais. No sector industrial, o Instituto neerlandês de investigação sobre os produtos lácteos (NIZO) desenvolveu, em 1976, um método que permite aos fabricantes suprimir a maturação biológica da nata. A nata sofre apenas uma maturação física. A nata doce é transformada em manteiga e os concentrados ácidos e aromáticos são injectados diretamente na manteiga, após inversão de fase, a fim de ajustar a composição química da manteiga no butirador.

Existem três processos de fabrico da manteiga:

- Processo de concentração

- Processo de combinação

- **Processo de aglomeração:** é o processo sobre o qual nos vamos debruçar, pois é o mais difundido no mundo (processos industriais e de pequena escala). Estabeleceu-se graças ao seu controlo da qualidade do produto acabado, à sua flexibilidade de utilização e, sobretudo, à produtividade dos equipamentos utilizados.

A manteiga é fabricada nas seguintes fases:

2.2.3. Agitação

A nata pode ser batida numa batedeira antiga ou mecânica (Figuras 16 a e b) ou num butirinador industrial contínuo (Figura 17). A temperatura de batedura deve ser de 10-12°C para facilitar a inversão de fases. A inversão de fase pode ocorrer em 30 a 60 minutos no caso da batedeira ou em poucos segundos no caso do processo contínuo.

A batedeira é enchida até um máximo de 50% da sua capacidade, uma vez que, para a inversão de fases, é indispensável passar por uma fase de espumação da nata, a fim de aproximar os glóbulos de gordura e facilitar a sua aglomeração. Sob a ação de choques repetidos, por um lado, o ar é incorporado e os glóbulos de gordura migram para a interface ar/creme e, por outro lado, 20 a 30% dos glóbulos de gordura são danificados. Quando os glóbulos de gordura entram em contacto com as bolhas de ar e uma parte do seu material de membrana se deposita na superfície destas bolhas, os glóbulos aderem à superfície ar/soro e libertam uma parte da sua gordura líquida nesta superfície. A eventual fusão das bolhas de ar aproxima progressivamente os glóbulos de gordura e provoca a sua aglomeração. Desta forma, cada vez mais gordura líquida, sob a forma de glóbulos finos acompanhados de fragmentos de membrana, seria libertada no soro à medida que a superfície ar-soro diminuísse.

Cerca de um terço da gordura encontrada no leitelho é constituída por triacilgliceróis finamente dispersos (<0,3 μm) que são muito difíceis de desnatar por centrifugação. No entanto, a presença de gordura líquida é essencial para a inversão de fase, uma vez que níveis muito elevados de gordura sólida tendem a estabilizar a espuma, criando uma estrutura rígida na qual as bolhas de ar ficam presas (chantilly).

Numa determinada fase do processo de fabrico, a pressão do gás no interior das bolhas de ar da espuma é insuficiente para suportar estes aglomerados de gordura, pelo que a espuma colapsa - inversão de fase. Nesta altura, surgem duas fases, uma sólida, os grãos de manteiga, e outra líquida, o leitelho. Em seguida, quando os grãos de manteiga atingem o tamanho desejado, a rotação é interrompida e o leitelho é escoado por gravidade.

a: Batedeira de manteiga mecânica (https://www.exportersindia.com/k-s-system/butter-churning-machine-5444518.htm); b: Batedeira de madeira à moda antiga https://www.alamyimages.fr/photos-images/baratte-%C3%A0-beurre.html)

Figura 16: Modelos de rotatividade.

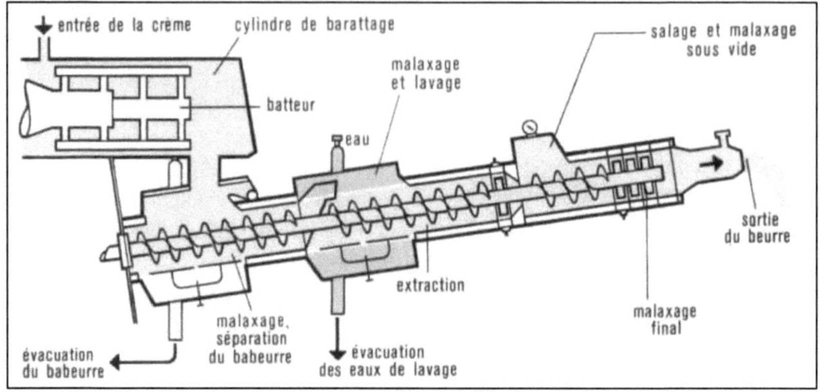

Figura 17: Diagrama de um butirador (secção longitudinal)
http://www.larousse.fr/archives/grande-encyclopedie/page/7776

2.2.4. Lavagem dos grãos de manteiga

A lavagem dos grãos de manteiga elimina o leitelho intergranular. Esta operação melhora a conservação porque uma parte dos microrganismos é eliminada com a água de lavagem.

A manteiga é lavada em água fria para baixar a temperatura e facilitar a etapa seguinte (mistura), depois adiciona-se água gelada (2 a 6°C) num volume igual ao do leitelho retirado. Deixar repousar durante 5 a 10 minutos. Fazer funcionar a batedeira a baixa velocidade para enxaguar os grãos de manteiga e depois escorrer a água. Podem efetuar-se dois ou três enxaguamentos sucessivos até que a água permaneça límpida após agitação.

2.2.5. Mistura

A manteiga é amassada na batedeira. Esta operação permite reunir os grãos de manteiga numa massa homogénea, eliminar os restos de leitelho e o excesso de água, assegurar uma melhor conservação e melhorar a consistência da manteiga. A amassadura provoca o aumento da temperatura. É por esta razão que a manteiga deve ser arrefecida quando é lavada (temperatura desejada: 9 a 10°C). A batedeira roda a uma velocidade lenta. É depois esvaziada por gravidade. Um dos objectivos da amassadura é quebrar uma parte dos GG intactos nos grãos de manteiga. As manteigas ricas em pequenos GG tendem a ter um maior número de GG intactos que não podem necessariamente ser reduzidos pela amassadura. Estas manteigas, em comparação com as manteigas ricas em GG grandes, são mais húmidas. Por conseguinte, são mais fáceis de barrar.

2.2.6. Estrutura da manteiga

O glóbulo de gordura desempenha um papel importante na produção de manteiga, e as caraterísticas físicas e químicas da gordura do leite variam consoante a raça, o período de lactação e a dieta. No verão, por exemplo, a proporção de ácidos gordos insaturados torna a manteiga mais macia do que no inverno.

A fase gorda é constituída por um grande número de GGs intactos embebidos num cimento líquido de MG. No interior dos GGs e do cimento líquido de MG encontram-se cristais de MG sólida. A disposição e a rede que os cristais de MG podem formar no cimento são responsáveis pela firmeza da manteiga. Existe também uma proporção significativa de água dispersa sob a forma de pequenas gotículas (1-25 μm), que são geralmente esféricas e nunca têm uma camada birrefringente, e bolhas de ar (> 20 μm).

O principal critério de avaliação da qualidade funcional da manteiga é a capacidade de barrar. Esta depende da estrutura da manteiga: o estado de cristalização da matéria gorda associado à composição do AG (relação entre matéria gorda sólida e matéria gorda líquida, organização e estabilidade da matéria gorda cristalizada) e a humidade são os principais factores a ter em conta.

2.2.7. Armazenamento

A manteiga é embalada e armazenada numa câmara frigorífica. Este armazenamento permite a reorganização das estruturas cristalinas. A descida até à temperatura de armazenamento e a sua manutenção durante vários dias são responsáveis pelo estabelecimento de estruturas cristalinas mais estáveis. As manteigas ricas em pequenos GGs tornam-se mais duras e têm uma estrutura mais homogénea. No entanto, estas manteigas tendem a fundir-se numa gama de temperaturas mais restrita.

2.2.8. Manteigas concentradas

O objetivo destas tecnologias é eliminar praticamente toda a fase aquosa da manteiga, a fim de obter um produto estável ao longo do tempo e que possa ser armazenado à temperatura ambiente. Foram utilizadas três abordagens tecnológicas. Duas delas utilizam a nata (um produto fresco) como matéria-prima. O resultado é um produto acabado de boa qualidade, normalmente conhecido como "gordura anidra do leite" ou "óleo de manteiga". O terceiro método, que utiliza a manteiga como matéria-prima, quase não se encontra atualmente na indústria.

2.2.9. Qualidade da manteiga

De acordo com o Codex Alimentarius, o leite utilizado no fabrico dos produtos abrangidos pelas disposições da presente norma deve respeitar os limites máximos de contaminantes e toxinas prescritos para o leite na norma geral relativa aos contaminantes e toxinas dos produtos destinados ao consumo humano e animal e os limites máximos de resíduos de medicamentos veterinários ou pesticidas prescritos para o leite.

De acordo com a legislação nacional, a manteiga é um produto gordo derivado exclusivamente do leite e de produtos obtidos a partir do leite sob a forma de uma emulsão de água e gordura. A manteiga contém um mínimo de 82g de matéria gorda láctea, um máximo de 2g de matéria seca não gorda e um máximo de 16g de água por 100g de produto acabado. Com exceção da manteiga crua, todas as manteigas são preparadas a partir de matéria gorda láctea pasteurizada. O índice de peróxidos da manteiga é fixado num máximo de 0,5 miliequivalentes de oxigénio ativo por quilograma de matéria gorda. O teor de ácidos gordos livres é fixado em 0,35%, no máximo, expresso em ácido oleico. As concentrações máximas de contaminantes toleradas na manteiga são fixadas do seguinte modo Chumbo: 0,05mg/Kg; Ferro: 2,0 mg/Kg; Cobre: 0,05mg/Kg. Os critérios microbiológicos aplicáveis à manteiga pasteurizada são fixados pelo Jornal Oficial. A manteiga deve respeitar as normas de composição e de higiene, que são controladas por meio de análises adequadas. A contagem de leveduras e bolores fornece informações sobre as condições higiénicas em que a manteiga é fabricada: a sua presença, caso exista, é uma indicação de recontaminação após a pasteurização da nata. Além disso, a manteiga é sujeita a normas de qualidade sensorial avaliadas através de uma escala de pontuação após exame do sabor e da textura.

- ***Defeitos da manteiga***

Os principais defeitos de sabor e textura da manteiga e as causas prováveis do seu aparecimento são enumerados no quadro 8.

Quadro 8: Defeitos de sabor e textura na manteiga (Lapointe-Vignola, 2002).

	Defeitos	**Causas prováveis**
SAVEUR	Sabor dos alimentos e absorção	Sabor de certos alimentos e medicamentos consumidos pela vaca; substâncias com cheiro forte no ambiente (agentes higienizantes).
	Sabor a fermentação	Fermentação ácida da nata; fermentação por leveduras e bolores (nata velha). Sabor a pútrido devido ao crescimento de bactérias proteolíticas psicrotróficas (Pseudomonas) sabor a queijo.
	Sabor a oxidação	Oxidação dos fosfolípidos. Lembra o sabor do papel, do cartão, da madeira e do metal; gordura oxidada (sabor doce) devido à oxidação dos triglicéridos (menos frequente).
	Sabor a peixe	Degradação de fosfolípidos, principalmente lecitina
	Sabor a armazenamento	O sabor fresco diminui lenta e gradualmente durante a armazenagem devido ao início da auto-oxidação das gorduras.
TEXTURA	A textura pegajosa adere excessivamente a um objeto, deixa um rasto na sonda ou na faca	Percentagem demasiado elevada de matéria gorda líquida à temperatura ambiente, caraterística da manteiga de inverno, demasiado amassada.
	Textura quebradiça e esfarelenta (culpa de uma manteiga demasiado firme, sem coesão e difícil de barrar).	Especialmente no inverno (maior proporção de gordura firme), a gordura cristaliza em grandes cristais, deixando pouca gordura líquida para atuar como agente aglutinante.
	Textura fraca	Especialmente no verão, devido a uma proporção demasiado elevada de gordura líquida
	Textura gordurosa e textura de pomada	Estes defeitos resultam do facto de se amassar demasiado a manteiga mole e a manteiga firme, respetivamente
	Textura farinhenta	Estado granuloso grosseiro causado pela presença de cristais grosseiros de matéria gorda desemulsionada, formados, por exemplo, em consequência de uma batedura parcial após agitação excessiva do creme frio.

2.3. Manteiga tradicional

A manteiga fresca ou Zebda é obtida após a batedura do leite coalhado (Rayeb), que é gradualmente aumentado com uma quantidade de água tépida (40 a 50°C) no final da batedura, para favorecer a aglomeração dos glóbulos de gordura e aumentar o rendimento da manteiga. Os glóbulos de lípidos aparecem à superfície e são recuperados no final da batedura. A manteiga fresca obtida tem uma consistência mole devido à sua elevada concentração de água.

O processo consiste em deixar o leite em *repouso* numa panela de barro (*Raouaba*) até coagular, o que ocorre à temperatura ambiente e dura entre 24 e 72 horas, consoante a estação do ano.

A coalhada formada é agitada com uma colher ou uma concha para facilitar a sua transferência para o recipiente utilizado para a batedura. Desde a antiguidade, são utilizados na Argélia três tipos de batedeiras tradicionais, consoante as regiões. Os Chaouias do Aurès e os nómadas do Saara utilizam a Chekoua (Figura 18), fabricada a partir da pele de uma cabra ou de uma ovelha, depois de ter sido cuidadosamente trabalhada. O Chekoua cheio de gordura é suspenso num tripé ou numa viga e agitado vigorosamente para a frente e para trás até os agregados de partículas de gordura se fundirem. As partículas de gordura aglomeram-se então para formar grãos de manteiga.

Figura 18: *Chekoua*; revestimento de pele de ovelha/cabra
(https://www.twitter.com/photo-images/chekoua.html).

Na região oriental de Kabylie, as mulheres utilizam utensílios de barro chamados *Mezla* (Figura 19) ou *Artoul* para pequenos volumes. A *Mezla é* colocada sobre um pedaço de cortiça e agitada para extrair a manteiga. Na parte lateral da *Mezla* há um pequeno orifício que é fechado com um pano chamado *Anfous*, que as mulheres retiram de vez em quando durante o processo de batedura para evacuar o ar que se forma no interior da batedeira. A abertura da batedeira é hermeticamente fechada com um pedaço de pele de cabra, chamado *Afzaz*, atado à abertura principal da batedeira com um cordel.

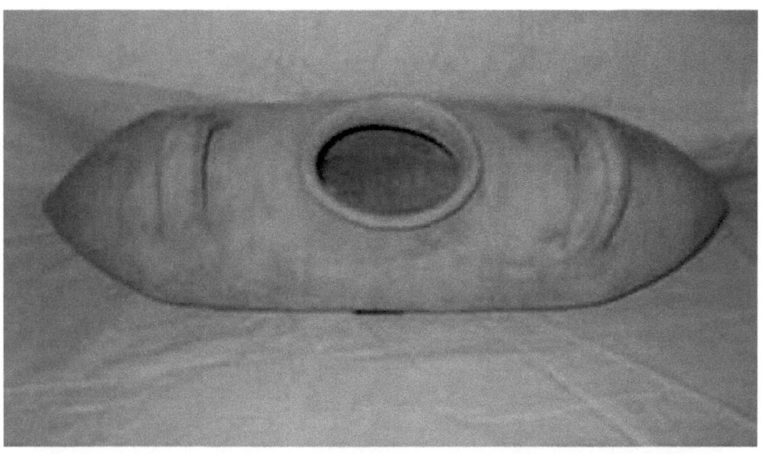

Figura 19: Mezla, batedeira de barro

(https://www.mangeonsbien.com/photo-images/mezla-rouaba.html)

Nas alturas do Djurdjura, as mulheres cabilas utilizam o *Thakhssayeth Oussendou*, também conhecido por *Thakhchachet* (Figura 20). Esta escolha não foi feita ao acaso, tendo em conta o relevo íngreme e montanhoso da Cabília, onde cresce uma planta chamada cabaça. Esta planta produz um fruto que, quando maduro, se torna rígido e vazio por dentro, e é utilizado como batedeira tradicional na Cabília.

O operador deve agitar vigorosamente com as duas mãos. A operação de batedura dura de 40 minutos a 1 hora e 15 minutos. A recolha da zebda é geralmente efectuada à mão.

Figura 20: Thkhssayeth Oussendou ou Thakhchachet; cabaça de batedura
(https://www.nissa22.unblog.fr/photo/chekoua-kabyle.html).

2.4. D'han ou Smen

O Dhan ou Smen argelino é um produto lácteo étnico que consiste numa manteiga fermentada tradicional fabricada a partir de leite cru inteiro segundo métodos empíricos. Este produto constitui uma parte importante da alimentação argelina e representa um património gastronómico que deve ser preservado e protegido. Consoante a região e os hábitos culinários, o leite cru (de vaca, de cabra e/ou de ovelha) é fermentado espontaneamente até coagular. O coágulo resultante (Raib) é depois batido com diversos utensílios para obter a manteiga utilizada na preparação do Smen Dhan. São então utilizados dois métodos de preparação diferentes, consoante a região estudada. Os agregados familiares de Batna, Khenchela e Sétif salgam diretamente a manteiga, enquanto nas regiões de Biskra, Jijel, El Oued e Ouargla se recorre a um processo diferente, que consiste, em primeiro lugar, no tratamento térmico da manteiga, seguido da adição de um ou mais ingredientes. Após o acondicionamento num recipiente tradicional de cerâmica (*Ezzir*) e noutros recipientes, é aplicada uma fase de maturação que pode durar de um mês a vários anos.

2.5. Manteiga clarificada

É geralmente preparado diretamente pelo cozinheiro através da fusão da manteiga, que dá origem a três fases. Apenas a fase intermédia, um óleo de manteiga amarelo claro, é recuperada após decantação e remoção do sobrenadante (proteínas desestabilizadas) e da fração pesada (fase aquosa). Este óleo, que solidifica ao arrefecer, é utilizado como gordura alimentar, com a vantagem de não escurecer nem salpicar durante o aquecimento. Para além destas utilizações culinárias, mais comuns no sector da restauração, este produto está igualmente disponível em frascos em alguns países europeus, e mesmo em folhas, como em França, onde foi recentemente relançado sob a designação comercial de "manteiga de cozinha".

2.6. Outros produtos artesanais

- **Tunísia**

No sul da Tunísia, a fermentação espontânea do leite dá origem a dois produtos: o primeiro é rico em proteínas e é conhecido localmente como "Leben". O segundo é rico em gordura e é conhecido localmente como "manteiga tradicional" ou "Zebda beldi".

O óleo de manteiga (chamado sman) é obtido através do aquecimento da manteiga tradicional e da separação da gordura (óleo de manteiga) do soro de leite. Uma grande parte do óleo de manteiga é utilizada na cozinha.

- **Marrocos**

Os produtos lácteos tradicionais são muito apreciados pelos consumidores pelas suas propriedades nutricionais e caraterísticas organolépticas. Entre estes produtos, o *"Smen"* é uma manteiga marroquina fermentada e salgada, consumida principalmente como aditivo alimentar e como ingrediente em alimentos transformados. Trata-se de um produto artesanal especialmente concebido para proteger e conservar a manteiga durante muito tempo, sendo utilizado como ingrediente alimentar fundamental. O seu aroma único e agradável pode realçar o gosto e o sabor de certos pratos marroquinos.

- **Jordânia**

Tradicionalmente, a manteiga jordana sempre foi fabricada a partir de iogurte. Uma vez recolhida uma quantidade suficiente de leite de ovelha, este é fermentado e depois batido por agitação mecânica até se formarem grânulos de manteiga. No fabrico de manteiga a partir do iogurte, o objetivo da batedura é extrair o máximo de gordura possível, transferindo a emulsão óleo em água para a emulsão água em óleo. O líquido que resta após a extração da manteiga "o leitelho" é utilizado para produzir um tipo de iogurte seco chamado Jameed, um produto lácteo local na Jordânia.

- **Egito**

A manteiga para cozinhar é um dos tipos de gordura mais populares consumidos nos lares egípcios. É consumida sob a forma de manteiga, utilizada como óleo para a preparação de alimentos ou para cozinhar. A manteiga para culinária é obtida por batedura da nata separada mecanicamente, depois de armazenada num saco de pele chamado "Kerbaî", feito de uma pele de cabra de uma só peça, durante 2 a 3 dias à temperatura ambiente. Durante o armazenamento, é adicionada uma quantidade excessiva de cloreto de sódio à superfície exterior do "Kerba". A batedura é efectuada depois de pendurar o "Kerbaî" cheio de nata e de o agitar vigorosamente para a frente e para trás, até à coalescência dos glóbulos de gordura, o que é indicado pelo som dos pedaços de manteiga durante a agitação. Após a batedura, a manteiga é transformada à mão e armazenada em frigoríficos até ser vendida.

- **Etiópia**

Na Etiópia, existem dois tipos de manteiga, a madura/râncida e a fresca, conhecidas localmente como besalkibe e lega kibe, respetivamente. No entanto, outro estudo refere que existem três tipos de manteiga na Etiópia, nomeadamente lega, mekakelegna e besal, que se referem à manteiga fresca, semi-madura e rançosa, respetivamente, dependendo do grau de lipólise da manteiga. A manteiga é fabricada e transformada exclusivamente pelas mulheres de cada comunidade da Etiópia.

A manteiga produzida localmente é semi-sólida à temperatura ambiente. Tem um cheiro agradável quando é fresca, mas com o aumento do tempo de armazenamento, o cheiro e o sabor alteram-se, a não ser que seja refrigerada ou transformada em ghee tradicional (dhadhabaksaa / nitirkibe), fervendo-a com especiarias.

- **Índia**

O leite pode ser utilizado no fabrico de produtos como o dahi (leite fermentado tradicional indiano), o lassi (leitelho tradicional indiano de consistência espessa), o chhach (leitelho tradicional indiano de consistência fina), o makkhan, o ghee, etc.

O Makkhan é um produto lácteo com elevado teor de gordura, tradicionalmente cultivado na Índia e no Paquistão. É bastante semelhante à manteiga ocidental. O leite inteiro ou as natas, transformados ou não, são primeiro convertidos em dahi e depois transformados em makkhan. Quando o makkhan é utilizado na produção de ghee, confere-lhe também um sabor aromático distinto e agradável.

2.7. Qualidade dos produtos artesanais

A manteiga tradicional não está sujeita a qualquer regulamentação. É fabricada a partir do leite de diferentes espécies animais (vaca, ovelha, cabra, etc.) e os processos de produção variam de país para país e, por vezes, de região para região dentro do mesmo país. Por conseguinte, é evidente que a sua qualidade varia em função destes factores.

Neste capítulo, vamos falar sobre as qualidades da manteiga de acordo com os estudos efectuados.

- **argelino**

Na região de Jijel, no leste da Argélia, um estudo revelou as propriedades microbiológicas e físico-químicas e a composição em ácidos gordos de uma manteiga tradicional produzida a partir de leite de vaca. Foi detectada a presença de bactérias lácticas e psicrotróficas, bem como de leveduras, ao passo que não foram detectados estafilococos ou bactérias lipolíticas. Foram encontradas diferenças significativas nos valores químicos entre as amostras. Os valores de pH variaram entre pH 4,64 e pH 5,53. A humidade e as impurezas excederam 17,5% e 9,19%, respetivamente. O índice de acidez, o índice de peróxidos, o índice de saponificação e o índice de iodo variaram entre : 23,56-31,35 mg KOH/g, 1,6-4 meq/kg, 140,25-228,60 mg KOH/g e 35,35-53,69 mgI/100g, respetivamente. Finalmente, a composição em ácidos gordos mostrou que o ácido palmítico e o ácido oleico eram os principais ácidos gordos saturados e insaturados.

- **tunisino**

A caraterização físico-química revelou um teor de gordura inferior a 80% e um elevado valor de atividade da água. O teor de ácidos gordos saturados foi mais elevado (71,84%) do que o de ácidos insaturados (27,09%). Os principais ácidos gordos nas amostras de manteiga eram os ácidos mirístico, palmítico, esteárico e oleico. Durante o armazenamento a 4 e 10°C, o pH diminuiu e a acidez titulável aumentou. O número de bactérias do ácido lático apresentou alterações relativamente pequenas durante o armazenamento a 4 e 10°C, enquanto o número de leveduras e bolores aumentou a todas as temperaturas. O estudo mostrou também o efeito do aquecimento (60°C) em certas caraterísticas de qualidade (absorção a 232 e 270 nm, índice de peróxidos, teor de ácidos gordos livres, viscosidade, textura, cor e composição em ácidos gordos) do óleo de manteiga tradicional tunisino (TTBO). Os resultados mostraram que o TTBO era resistente à oxidação. Todas estas caraterísticas apoiam a incorporação do TTB na formulação de alimentos.

- **iraniano**

A comparação das caraterísticas físico-químicas da manteiga tradicional (TB) com as normas europeias (ES) e nacionais iranianas (NS) mostrou que o teor de sal, o índice de iodo e a acidez de todas as amostras eram consistentes com as normas ES. O índice de peróxidos, a humidade e o teor de sólidos não gordos de algumas amostras de manteiga eram mais elevados e o teor de gordura de 74% delas era inferior aos valores ES. O valor de saponificação de 26% das amostras estava fora do intervalo ES.

As qualidades microbiológicas revelaram que o número de bactérias coliformes e de bactérias psicrotróficas era superior ao da NS em 8% e 4% das amostras, respetivamente. Contrariamente ao NS, *a E. coli* e os estafilococos coagulase-positivos foram detectados em 10% das amostras. O número de bolores e leveduras em todas as amostras foi inferior ao valor NS, e a pontuação da propriedade organoléptica em todas as amostras foi superior a 8 pontos.

Por conseguinte, o estudo concluiu que, apesar da elevada qualidade e da baixa contaminação microbiana das amostras de manteiga, se recomenda uma maior supervisão do processo de produção dos produtos tradicionais.

- **Egípcio**

A manteiga de cozinha na província de Beni-Suef foi examinada em relação a bactérias psicrotróficas, coliformes totais, coliformes fecais, bolores e leveduras. Além disso, foram também examinadas bactérias patogénicas, tais como *E.coli*, *S.aureus* e *Ps.aeruginosa*.

O exame microbiológico revelou que 100, 100, 36,7, 31,7, 31,7 e 23,3% das amostras examinadas estavam contaminadas com bactérias psicrotróficas, bolores e leveduras, coliformes, coliformes fecais, *E.coli* e *S.aureus*, respetivamente. Nenhuma das amostras de manteiga cozinhada examinadas continha *Ps.aeruginosa*.

Os valores médios do cloreto de sódio e da acidez titulável foram de 0,57 ± 0,05% e 0,20 ± 0,013%, respetivamente. O estudo mostrou que a manteiga para culinária é produzida em condições pouco higiénicas e sem boas práticas de fabrico.

- **sudanês**

Foi efectuado um inquérito para estudar a qualidade microbiológica da manteiga produzida na região de Cartum. O estudo comparou vários tipos de manteiga (tradicional, fabricada numa fábrica de lacticínios e fabricada em laboratório). As caraterísticas microbiológicas foram avaliadas em intervalos de tempo (dias) para amostras armazenadas a 5,0 ± 1,0°C e a 25 ± 2,0°C. Os resultados mostraram que o número total de bactérias viáveis (TVBC) aumentou significativamente desde o início do período de armazenamento até ao fim na manteiga de todos os tratamentos, sendo o aumento notável para as amostras armazenadas a 25°C. As bactérias coliformes aumentaram em menor grau em comparação com o TVBC, sendo o aumento crucial nas amostras armazenadas a 25°C. A temperatura de armazenamento afectou significativamente as contagens de leveduras e bolores, *Pseudomonas aeruginosa*, bactérias proteolíticas e lipolíticas, no entanto, a diferença nas contagens de bactérias lipolíticas entre as duas temperaturas não foi significativa. O estudo concluiu que a qualidade microbiológica da manteiga é principalmente afetada pela forma como a manteiga é fabricada e pelas condições de armazenamento durante o período de armazenamento.

- **etíope**

Foi efectuado um estudo sobre a qualidade físico-química e microbiana da manteiga do distrito de Menz. Os valores globais da humidade variaram entre 2,09% e 83,96%. [966]As amostras dos agricultores apresentaram uma média global de 3,94 × 10 , 2,66 × 10 , 1,83 × 10 , para o número total de bactérias aeróbias mesófilas, o número total de coliformes e o número total de leveduras e bolores, e 3,[966966]44 × 10 , 3,03 × 10 , 1,31 × 10 e 3,26 × 10 , 1,61 × 10 , 1,77 × 10 , para as amostras colhidas junto de comerciantes e para a manteiga fabricada pelos investigadores, respetivamente. [966966]Para as amostras colhidas em Tarmaber e Addis Abeba, esses valores foram, respetivamente, 4,19 × 10 , 2,69 × 10 , 1,56 × 10 e 4,20 × 10 , 2,10 × 10 , 1,45 × 10. O estudo concluiu que a produção e a transformação de manteiga não são higiénicas nas zonas de estudo e que o sistema de produção tradicional não respeita as normas.

- **Malaio**

Um estudo das caraterísticas microbiológicas, físico-químicas e da estrutura dos ácidos gordos de uma manteiga de vaca comercial (BCC) vendida na Malásia revelou a existência de variações nos parâmetros físico-químicos entre as amostras de manteiga. O pH variava entre 3,32 e 4,90. O teor de água de todas as amostras, com exceção de duas, situava-se dentro dos limites da norma internacional. Os valores de peróxido e de iodo de todas as amostras estavam dentro dos limites da norma internacional. A determinação da composição em ácidos gordos revelou a prevalência de ácidos gordos saturados, dominados pelo ácido palmítico, com um baixo nível de ácidos gordos insaturados, dominados pelo ácido oleico. Os resultados revelaram também a presença mínima de bactérias aeróbias mesófilas totais (TAB) e de bactérias psicrotróficas, não tendo sido detectadas bactérias coliformes. Os bolores e as leveduras foram detectados em todas as amostras com uma contagem mínima. Por conseguinte, a qualidade microbiológica das amostras de manteiga comercial foi considerada geralmente boa.

- ***"Marroquino "Smen***

O *"Smen"* marroquino é produzido por reacções enzimáticas e químicas. A lipólise é considerada a principal via bioquímica que conduz a alterações organolépticas durante a maturação do *"Smen"*. A lipólise pode resultar principalmente de lipases microbianas. A libertação de ácidos gordos livres (AGL) durante o período de maturação inibe progressivamente as bactérias *Leuconostoc* e *Lactococcus*, enquanto *os Lactobacillus* assumem o controlo devido à sua capacidade de metabolizar os AGL. Estas reacções têm um efeito importante no sabor, no aroma e nas caraterísticas organolépticas do *"Smen"*. Os ácidos gordos livres de cadeia curta (C4-C10), insaturados (principalmente ácido oleico (C18:1)) e saturados (C12-C20) são libertados no produto em função do tempo de maturação. Além disso, a oxidação química dos lípidos do leite pode contribuir menos para o sabor do *"Smen"* e pode provocar odores desagradáveis.

- **"Ghee", "Jammed" e "Smen Baldi" da Jordânia**

O processo tradicional de produção de "Jameed" e "ghee" na Jordânia é primitivo e moroso. Além disso, muitos desafios podem afetar a qualidade dos produtos, como a falta de saneamento, a má qualidade microbiológica do leite devido à falta de higiene durante a ordenha, a falta de refrigeração eficaz do leite e a falta de pasteurização do leite. Os recipientes de plástico e de alumínio são geralmente utilizados em todas as fases da transformação, sendo ambos inadequados para a produção alimentar. Além disso, a falta de arrefecimento na fase de recolha do leite reduz a qualidade do leite devido ao crescimento de microrganismos, levando ao desenvolvimento de acidez e à produção de numerosos materiais que afectam seriamente a saúde humana e o processo de produção. A aceleração da atividade enzimática devido à temperatura elevada de armazenagem conduz à degradação das gorduras, o que provoca o ranço dos produtos finais, nomeadamente do ghee. A degradação das proteínas dá origem a um sabor indesejável no *"Jameed"*.

Foi realizado um estudo para avaliar a qualidade oxidativa em condições de produção tradicionais de *"Samen Baladi"* e os factores de qualidade em condições controladas de boas práticas de fabrico e temperatura laboratorial. Os resultados globais concluíram que todas as amostras de Samen *Baladi* estudadas não cumpriam a regulamentação jordana e as normas *do Codex* para o índice de peróxidos e o índice de refração, bem como a percentagem de ácidos gordos livres. O estudo concluiu que seria altamente aconselhável encontrar uma abordagem estrutural para controlar a formação de peróxidos no *"Samen Baladi"*, uma vez que o método convencional atualmente adotado requer tratamento térmico.

- **"Ghee tradicional no Uganda**

Um estudo comparou a qualidade da manteiga/'ghee' fabricada utilizando a batedura tradicional (cabaças e cabaças) e a batedura mecanizada em quatro locais, bem como uma amostra de manteiga de "controlo" fabricada em condições laboratoriais segundo um procedimento normalizado. As amostras foram analisadas em termos de segurança microbiana, tipo e concentração de ácidos gordos livres e atributos sensoriais. A contagem total de bactérias viáveis (TVC), a contagem total de coliformes (TC), *Staphylococcus aureus*, *Salmonella*, leveduras e bolores foram determinadas utilizando as normas da Organização Internacional de Normalização (ISO). O perfil de ácidos gordos foi determinado por cromatografia gasosa. Foi também efectuada uma avaliação sensorial do aroma, cheiro, sabor, sensação na boca e aceitabilidade global dos produtos. [27]As contagens totais viáveis em todas as amostras variaram entre 10 e 10 cfu/g. [13]Os coliformes totais foram detectados nas amostras de Kiboga entre 10 e 10 ufc/g, não tendo sido detectados quaisquer coliformes nas amostras das outras regiões. [25]As leveduras e bolores foram detectados entre 10 e 10 ufc/g. [2]O *Staphylococcus aureus* só foi detectado em amostras de manteiga da região de Kiboga (10 ufc/g), não tendo sido detectada *Salmonella* em nenhuma das amostras. O perfil de ácidos gordos era constituído por ácidos gordos saturados, ácidos gordos monoinsaturados, ácidos gordos polinsaturados, ácidos gordos trans, ácidos gordos ómega 3, ácidos gordos ómega 6 e ácidos gordos ómega 9. Os ácidos gordos saturados eram os mais dominantes nas amostras de manteiga e ghee, variando entre 70 e 82%, enquanto os ácidos gordos trans estavam presentes em concentrações mais baixas. Do ponto de vista da aceitabilidade global, a manteiga/'ghee' fabricada com batedura tradicional e o sistema mecanizado obtiveram a pontuação mais elevada. No entanto, não se registaram diferenças significativas nos parâmetros organolépticos analisados em todas as amostras (p>0,05). Por conseguinte, a manteiga/"ghee" produzida por batedura mecanizada é tão aceitável e tão segura do ponto de vista microbiológico como a manteiga/"ghee" produzida por batedura tradicional.

PROCESSAMENTO DE PROTEÍNAS

A transformação da proteína do leite é um processo complexo que pode ocorrer numa variedade de contextos, como o fabrico de produtos lácteos, leites fermentados, iogurtes e queijos. São as caseínas que têm a capacidade de coagular quando sujeitas a condições específicas, como a queda do pH durante a fermentação ou a adição de enzimas coagulantes para a produção destes alimentos.

1. Caseínas

ααExistem quatro tipos de caseína naturalmente presentes no leite: s1, s2, β-caseína e κ-caseína. As γ-caseínas são fragmentos de péptidos resultantes da degradação da β-caseína pela plasmina. As 4 principais caseínas estão presentes no leite em proporções de 37, 10, 35 e 12%, respetivamente, e têm as suas próprias caraterísticas físico-químicas.

As caseínas têm um ponto isoelétrico (pHi) de 4,6 a 20°C e precipitam a este pH, mas não são sensíveis às variações de temperatura.

São proteínas ricas em lisinas e resíduos de glutamilo e aspártilo, moléculas com um tamanho entre 20-24000 Da. As caseínas são fortemente hidrofóbicas na ordem β > κ > αs1 > αs2.

A caseína αs1 é constituída por 199 aminoácidos. Tem uma carga negativa (-20,6 a pH 6,6). Tem 3 regiões hidrofóbicas. Agrega-se e precipita a concentrações de cálcio relativamente baixas.

A caseína αs2 contém 207 aminoácidos. É a mais hidrofílica das caseínas (três zonas hidrofílicas). Estas 3 zonas são os locais preferidos para a fixação do fosfato de cálcio e são responsáveis pela elevada sensibilidade desta caseína ao cálcio, que é potencialmente superior à da caseína αs1.

A β-caseína, a mais hidrofóbica das caseínas, é constituída por 209 aminoácidos. Devido à sua natureza hidrofóbica, a β-caseína tem a particularidade de ter um comportamento dependente da temperatura. De facto, a diminuição da temperatura do leite (4°C) induz a solubilização desta caseína na fase solúvel.

A κ-caseína, que não é muito sensível ao cálcio, é composta por 169 aminoácidos. Esta caseína tem um carácter misto hidrofóbico e hidrofílico (anfipolar).

1.1 Micelas de caseína

Até à data, a estrutura da micela de caseína continua a ser debatida e, por conseguinte, ainda não está totalmente estabelecida. A micela é um sistema complexo e dinâmico, difícil de observar em condições representativas do estado nativo do leite e que evolui em função das condições físico-químicas aplicadas (variação de temperatura, acidificação, alcalinização, etc.).

As micelas de caseína são partículas quase-esféricas que variam em tamanho de 50 a 600 nm. São estruturas coloidais formadas por caseínas do leite e fosfato e cálcio sob a forma de pequenas entidades critalinas. A 37°C e a um pH fisiológico (pH 6,7), as micelas de caseína contêm quase todas as caseínas presentes no leite, bem como uma elevada proporção de cálcio (cerca de 2/3) e de fosfato inorgânico (cerca de ½). [698]O peso molecular das micelas de caseína varia de 10 a 10 Dalton (cerca de 10 Dalton em média). Além disso, é importante notar que os micelos de caseína são conjuntos constituídos por αS1, αS2, β e κ caseínas em proporções aproximadas de 4/1/4/1. Os elementos minerais, principalmente cálcio e fosfato, representam aproximadamente 7% da massa seca das micelas de caseína.

O núcleo da micela é formado por αs e β caseínas ligadas por interações essencialmente hidrofóbicas. A agregação destes polímeros com fosfato de cálcio leva à formação de um macropolímero cuja superfície é delimitada pela κ-caseína. As caseínas desempenham um papel central na transformação do leite em queijo e na maioria dos outros produtos lácteos, e as suas propriedades estruturais e físicas têm sido objeto de investigação há muitos anos.

Com base nas propriedades químicas, bioquímicas e físicas das micelas de caseína e das caseínas individuais, os modelos propostos mais amplamente discutidos são o modelo submicelar e o modelo de estrutura aberta.

- **Modelo sub-micelar**

Este modelo, que se baseia em vários estudos anteriores, caracteriza as micelas de caseína como aglomerações de subunidades proteicas chamadas sub-micelas, medindo entre 10 e 20 nm (Figura 21). As sub-micelas contêm proporções variáveis das diferentes caseínas αs, β e κ. A sua associação no interior das micelas é facilitada pelo fosfato de cálcio. Os sub-micelos são compostos por :

- um núcleo composto principalmente por αs caseínas, que é hidrofóbico

- uma camada externa hidrofílica, onde a κ-caseína forma uma espécie de "cabelo", que mantém a estabilidade da suspensão coloidal graças à sua elevada carga negativa e à repulsão estérica. As partes polares das diferentes caseínas facilitam a sua ligação através de aglomerados de fosfato de cálcio. As sub-micelas mais ricas em κ-caseína encontram-se principalmente na superfície das micelas.

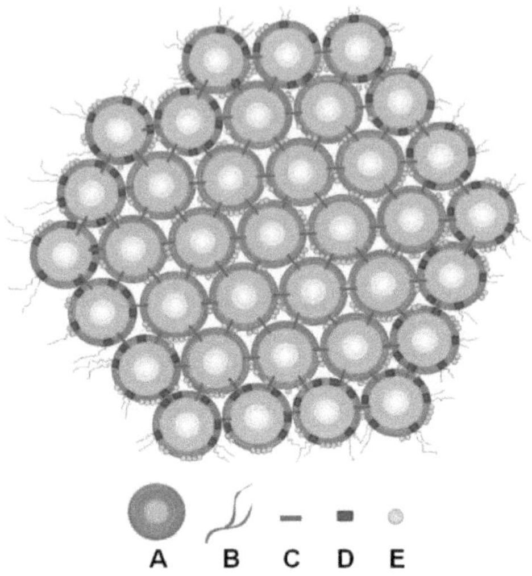

A: submicela; B: cadeia saliente; C: fosfato de cálcio; D: kappa caseína; E: grupo fosfato

Figura 21: Modelo submicelar de micelas de caseína
https://www.sciencelearn.org.nz/images/952-casein-micelles

- **Modelo aberto**

Neste modelo, que tem vindo a evoluir, as micelas de caseína são descritas como partículas esféricas, altamente hidratadas e com uma estrutura aberta. Este modelo de estrutura em rede é aceite porque é consistente com a visão dinâmica e os equilíbrios com a fase aquosa do leite, onde o fosfato de cálcio está distribuído na micela. As interações hidrofóbicas e electrostáticas entre as caseínas mantêm as micelas unidas, enquanto os nanoclusters actuam como pontos de ancoragem para as caseínas através das suas fosfoserinas, facilitando o crescimento de polímeros de caseína de tamanho limitado. A κ-caseína está localizada na superfície da micela, assegurando a sua estabilidade através de repulsões estéricas e electrostáticas que impedem a agregação natural. Em média, uma micela de caseína de tamanho médio contém cerca de 800 nanoclusters de fosfato de cálcio amorfo, com um diâmetro de cerca de 100 nm (Figura 22).

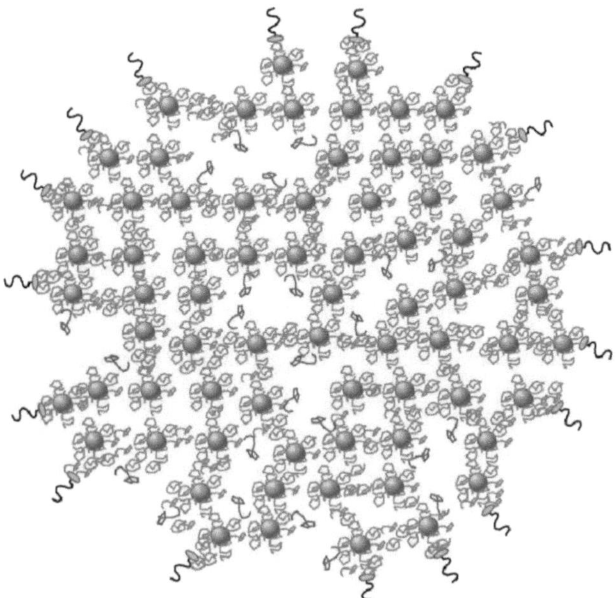

As α- e β-caseínas (laranja) interagem electrostaticamente com os nanoclusters de fosfato de cálcio (cinzento) para estabilizar a rede interna. Algumas β-caseínas (azul) interagem através de interações hidrofóbicas com outras caseínas. A κ-caseína está localizada na superfície da micela (verde), com o seu caseinomacropeptídeo hidrofílico estendido para o exterior (preto).

Figura 22: Representação esquemática da estrutura proposta para a micela de caseína (CN) no leite (Dalgleish e Corredig, 2012).

2. Processo de coagulação

A coagulação do leite corresponde a uma desestabilização do estado micelar original das caseínas do leite. Esta desestabilização pode ser conseguida de duas formas:

o quer por fermentação ou coagulação ácida com bactérias lácticas contidas na flora autóctone do leite e/ou fornecidas sob a forma de fermentos,

o por via enzimática, utilizando enzimas coagulantes, nomeadamente o coalho

2.1. Coagulação ácida

2.1.1. Flora láctica

As bactérias do ácido lático são aero-anaeróbias ou micro-aerofílicas. São também bactérias exigentes do ponto de vista nutricional, uma vez que não são capazes de sintetizar uma série de aminoácidos. A sua incapacidade de sintetizar os aminoácidos de que necessitam para crescer significa que as bactérias lácticas têm de encontrar estas moléculas no seu ambiente através de um processo de nutrição azotada. As culturas ou associações de estirpes de diferentes bactérias lácticas podem favorecer a simbiose, como no iogurte. A sua cultura requer meios ricos em açúcares, aminoácidos, ácidos gordos, sais e vitaminas, com baixo teor de oxigénio, e são capazes de viver em ambientes muito ácidos (pH de 4 a 5). Os principais géneros de bactérias lácticas são : *Lactobacillus, Leuconostoc, Lactobacoccus, Streptococcus, Pediococcus, Carnobacterium, Enterococcus, Oenococcus, Tetragenococcus, vagococcus e Bifidobocterium*. A Tabela 9 mostra os diferentes géneros de bactérias lácticas de interesse em microbiologia alimentar e as suas principais caraterísticas e habitats.

Quadro 9: Os diferentes géneros de bactérias do ácido lático (Federighi, 2005).

Tipo	Morfologia e caraterísticas	Fermentação	Principais habitats
Lactobacilos	Bacilos, Thermophilus ou Mesophilus	Homofermentativo ou heterofermentativo	Produtos humanos, lácteos, cárneos e vegetais
Carnobactéria	Bacilos psicotrópicos, pouco tolerantes ao ácido	Heterofermentar	Carne, peixe e produtos lácteos
Lactococos	Conchas, Mesófilas.	Homofermentação	Produtos lácteos, legumes
Streptococcus	Concha termofílica	Homofermentação	Produtos lácteos
Enterococcus	Conchas, Mesófilas.	heterofermentativo	Intestinos humanos e animais, produtos lácteos
Pediococo	Concha, Mesófilos halotolerantes	Homofermentação	Cerveja, produtos hortícolas, enchidos
Tetragencoccus	Concha de tétrade, mesofílica, halofílica	Homofermentação	Salmoura
Leuconostoque	Conchas, Mesófilas	Heterofermentativo	Produtos vegetais, produtos lácteos
Oenococcus	Conchas, Mesófilas	Heterofermontais	Vinho
Bifidobactérias	Forma irregular, mesófila	Ácido acético e ácido lático	Intestino dos seres humanos e dos animais
Vagococcus	Conchas mesófilas, móbiles	Homofermentação	Intestinos humanos e animais, produtos lácteos

Com base na via seguida e no produto final da fermentação, as bactérias do ácido lático dividem-se em dois grupos:

o **Os processos homofermentativos** utilizam a glicólise na sua totalidade, da lactose ao piruvato e ao lactato. Para ser considerada homoláctica, esta via deve converter pelo menos 90% da lactose consumida em lactato. A via homofermentativa está geralmente associada a bactérias dos géneros Streptococcus, Lactococcus, Pediococcus e Lactobacillus (Figura 23).

o Para além do ácido lático, **as bactérias heterofermentativas** produzem quantidades significativas de CO2 e etanol ou acetato. Algumas bactérias Leuconostoc e Lactobacillus seguem esta via (Figura 23).

Uma terceira forma de metabolismo, conhecida como via fermentativa difídica, é utilizada pelas bactérias do género Bifidobacterium. As Bifidobacterium têm uma via particular que produz principalmente ácido lático e acético.

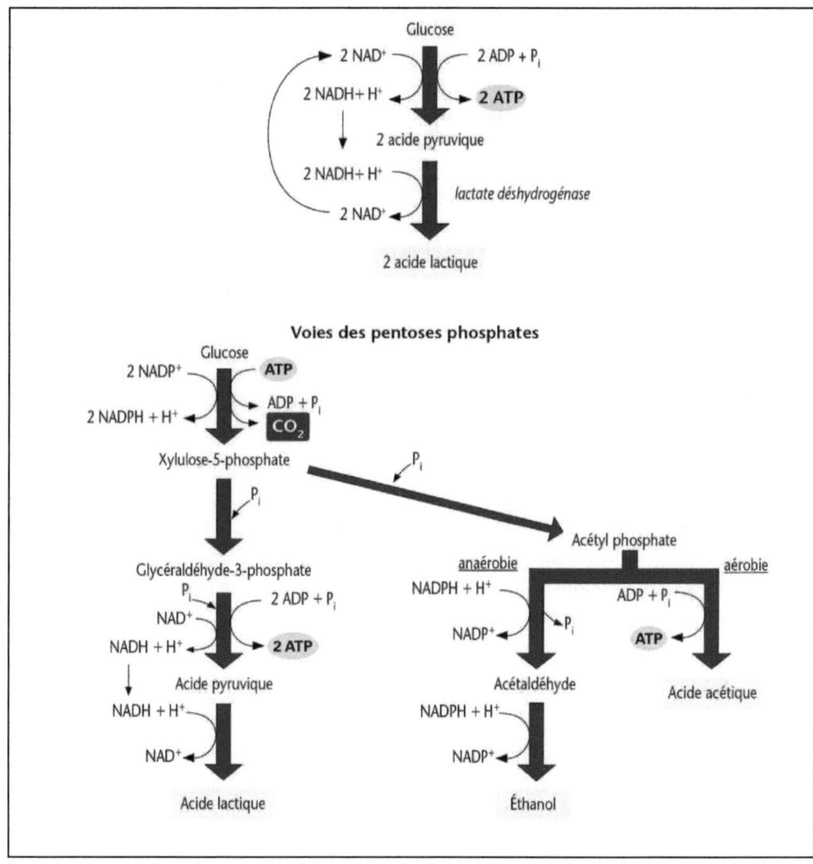

Figura 23: Ilustração da fermentação homoláctica (o ácido pirúvico é reduzido a ácido lático) ou da fermentação heteroláctica (utilizando a via das pentoses fosfato), dependendo das bactérias envolvidas (Tessier, 2018).

2.1.2. Fenómeno de coagulação láctica

O mecanismo de coagulação fermentativa, também conhecido como coagulação ácida, é eletroquímico e induzido por fermentos lácticos.

A principal função destas bactérias é decompor a lactose para produzir ácido lático. O ácido lático é libertado à medida que os microrganismos crescem e neutraliza gradualmente as cargas electronegativas das κ-caseínas. [+]A repulsão eletrostática entre as micelas de caseína diminui à medida que o meio se torna enriquecido com iões H e depois desaparece, fazendo com que as micelas de caseína se juntem e agreguem.

2.2 Coagulação enzimática

2.2.1. Enzimas

Existem diferentes famílias de enzimas utilizadas para coagular o leite: coalho e outras preparações de origem animal, e coagulantes vegetais, fúngicos ou fermentativos.

O coalho, composto por quimosina e pepsina, é obtido por maceração de coalho (a quarta bolsa estomacal dos ruminantes) de ruminantes jovens alimentados com leite.

A recuperação de enzimas proteolíticas (quimosina e pepsina), bem como de péptidos, aminoácidos e outras enzimas, desempenha um papel importante na qualidade e tipicidade dos queijos.

Enzimas fúngicas, atualmente essencialmente as de *Rhizomucor miehei* e *Cryphonectria parasitica*. Os coagulantes vegetais são tradicionalmente utilizados em muitos países, principalmente para fins domésticos, tais como macerações de flores de cardo (enzima cardosina), caules de ananás (bromelaína), folhas de papaia (papaína), seiva de figueira (ficina) e sementes de melão (cucumisina). A quimosina fermentativa é obtida através da introdução artificial do gene da proquimosina em microrganismos como *Aspergillus niger var awamoris*, *Kluyveromyces lactis* e *Escherichia coli*. A quimosina fermentativa é atualmente o coagulante mais utilizado no mundo.

2.2.2. Fenómeno de coagulação enzimática

O mecanismo da coagulação enzimática é descrito em três fases.

• **Uma fase primária** ou enzimática durante a qual a caseína é hidrolisada. O fragmento de caseína remanescente tem propriedades hidrofóbicas. Nos primeiros minutos após a adição da enzima coagulante ao leite, a viscosidade do leite diminui, o que se deve à redução do tamanho médio das micelas após a sua hidrólise.

• **Uma fase secundária** é quando as micelas começam a juntar-se. Esta fase começa quando aproximadamente 85 a 90% das κ-caseínas foram hidrolisadas. As micelas de caseína perdem então a sua afinidade pela fase aquosa e aproximam-se e agregam-se sob o efeito de interações hidrofóbicas, fazendo com que o leite coalhe.

• **A fase terciária** é conhecida como a fase de reticulação do gel. O gel torna-se cada vez mais organizado e estruturado. Ao nível microscópico, observamos um aumento das ligações entre as micelas modificadas, principalmente interações hidrofóbicas e electrostáticas, bem como a formação de pontes fosfocálcicas. A nível macroscópico, isto corresponde ao endurecimento do gel.

3. Transformações

3.1. LEITES FERMENTADOS

Segundo o Codex, o leite fermentado é um produto lácteo obtido pela fermentação do leite, que pode ter sido fabricado a partir de produtos obtidos do leite com ou sem modificação da composição, pela ação de microrganismos apropriados e resultando na redução do pH com ou sem coagulação. Estas leveduras (microrganismos) devem ser viáveis, activas e abundantes no produto na data de durabilidade mínima. Se o produto for submetido a um tratamento térmico após a fermentação, a exigência relativa à viabilidade dos microrganismos deixa de se aplicar. Leite fermentado concentrado é o leite fermentado cujo teor de proteínas foi aumentado, antes ou depois da fermentação, para um mínimo de 5,6%. A coagulação do leite fermentado não deve ser obtida por outros meios que não os resultantes da atividade dos microrganismos utilizados.

Em todo o mundo, é produzida uma grande variedade de leites fermentados: leites fermentados ácidos (iogurte grego, labneh), produtos ácidos e ligeiramente alcoólicos (kefir, koumiss) e leites fermentados pouco ácidos (leitelho, leite de vaca). Alguns leites fermentados contêm microrganismos chamados probióticos.

Neste capítulo, descreveremos os leites fermentados mais consumidos na Argélia, nomeadamente: o leite coalhado ou "Raib", o soro de leite ou "l'ben" e o iogurte.

3.1.1. Raib e L'ben ou Leben

O raib e o ben são produtos lácteos conhecidos há muito tempo, tanto nas zonas rurais como nas zonas urbanas. São geralmente preparados a partir de leite cru segundo métodos tradicionais. Os processos de produção do leben e do Raib (leite coalhado) são semelhantes, exceto o facto de o leben ser sujeito a agitação mecânica após incubação. É importante esclarecer a diferença entre o leite fermentado e o iogurte:

• O fermento lático contém principalmente bactérias mesófilas para o leite fermentado e bactérias termofílicas para o iogurte.

• Não há enriquecimento na produção de leite fermentado.

- Não são utilizados frutos ou aromas na produção de leite fermentado.

A preparação tradicional do l'ben começa com a coagulação do leite (de vaca, de ovelha ou de cabra). O leite cru é deixado à temperatura ambiente até coagular espontaneamente em Raib (leite coalhado) (durante 24 a 72 horas, consoante a estação do ano). A desnatação é efectuada por batedura (fase tradicional de fabrico da manteiga), deixando no seu interior um líquido espesso denominado lben (leitelho ou soro de leite). Por último, é adicionada uma pitada de sal, que se diz conferir ao leben um sabor residual, mas que não é comum a todas as regiões.

- **Leben Industriel (tecnologia de fabrico)**

De acordo com a FAO, o leite acidificado, como o Leben ou o Lben, é preparado com leite que é geralmente parcial ou totalmente desnatado. Nos países onde a produção de leite é baixa, é frequentemente utilizado leite reconstituído. Após a pasteurização e, se necessário, a desgaseificação, o leite é arrefecido a 20-22°C e inoculado com 2,5 a 3% de uma cultura bacteriana mesofílica de ácido lático.

A fermentação prossegue durante cerca de 18 a 20 horas até à coagulação e a uma acidez de 0,65 a 0,70 por cento de ácido lático (65 a 70° Dornic). A coalhada é então dividida mais ou menos finamente e agitada ao mesmo tempo que é arrefecida a 4-5°C. Em seguida, é embalada para venda ou vendida a granel. Refrigerado, este produto, ligeiramente ácido e de sabor agradável, pode ser conservado durante uma semana. Pode ser fabricado com leite de várias espécies (ovelha, cabra). A fermentação é geralmente efectuada com bactérias lácticas mesófilas, mas pode também ser feita com bactérias termofílicas; certas estirpes são apreciadas pela sua capacidade de tornar o produto viscoso e fibroso.

- **Qualidade do leite fermentado**

A nível industrial

-Controlo da qualidade do leite: a contagem total de germes, a contagem de células somáticas e a acidez titulável fornecem informações sobre a qualidade sanitária do leite. A análise do teor de gordura e de azoto do leite e a pesquisa de antibióticos permitem avaliar a sua qualidade tecnológica.

-Controlo da qualidade microbiológica do pó

Para os critérios microbiológicos dos produtos acabados, de acordo com a legislação relativa aos agentes patogénicos (coagulase + *Staphylococcus*, *Salmonella* e *Listeria monocytogenes*)

3.1.2. Iogurtes

De acordo com o Journal Officiel de la République Algérienne (JORA), o iogurte é um produto lácteo coagulado obtido por fermentação láctea através do desenvolvimento de bactérias lácteas termofílicas específicas, conhecidas por *Lactobacillus bulgaricus* e

Streptococcus thermophilus, a partir do leite e dos seguintes produtos lácteos: leite pasteurizado, leite pasteurizado reconstituído ou recombinado, mesmo desnatado, leite concentrado ou leite seco, mesmo desnatado, nata pasteurizada ou uma mistura de dois ou mais destes produtos. É proibida a incorporação, como produto de substituição, de gorduras e/ou proteínas não lácteas.

As bactérias lácticas termófilas específicas devem ser inoculadas simultaneamente e devem estar presentes no produto acabado a uma taxa de, pelo menos, 10 milhões de bactérias por grama em relação à parte láctea. Aquando da introdução no consumo, a quantidade de ácido lático livre contida no iogurte não deve ser inferior a 0,8 gramas por 100 gramas de produto.

Crescimento associativo de bactérias do iogurte

A utilização combinada de *S. thermophilus* e *L. bulgaricus* permite explorar a interação indireta positiva entre estas duas espécies. Esta interação, designada por protocooperação, traduz-se inicialmente por um aumento dos índices de acidificação. A estimulação do *S. thermophilus* pelo *L. bulgaricus* é conseguida através da atividade proteolítica do lactobacilo, que liberta pequenos péptidos e aminoácidos em benefício do estreptococo. $_2$Em contrapartida, o *S. thermophilus* fornece ácido fórmico e CO , que estimulam o crescimento do *L. bulgaricus*.

3.1.2.1. Princípios de fabrico

O processo de produção do iogurte é composto por três fases principais: preparação do leite, fermentação e tratamento pós-fermentativo do produto. O esquema de produção é diferente consoante o tipo de produto. Existem dois tipos de iogurte:

• iogurte firme, fermentado após acondicionamento em vasos

• iogurte agitado, em que a fermentação se efectua numa cuba; o coágulo obtido é em seguida dilatado e agitado para o tornar mais ou menos viscoso, sendo depois acondicionado em potes.

a. Receção e armazenagem de leite cru ou de preparações lácteas

A matéria-prima pode ser leite fresco, leite recombinado (de leite em pó desnatado e gordura anidra de leite), leite reconstituído (de leite em pó desnatado) ou uma mistura. Em todos os casos, deve ser de boa qualidade microbiológica, isento de antibióticos ou outros inibidores e perfeitamente homogeneizado.

b. Normalização

O leite deve ser normalizado em termos de teor de matéria gorda, enriquecido com proteínas e, eventualmente, adoçado, a fim de satisfazer as especificações nutricionais e organolépticas dos produtos.

- **Normalização da gordura** O teor de gordura dos iogurtes comerciais varia entre menos de 1% para os iogurtes magros e 3,5% para os iogurtes de leite gordo. O leite desnatado e as natas são depois misturados para se obter o teor de gordura desejado. A gordura confere cremosidade, disfarça a acidez e realça o sabor.

- **Enriquecimento proteico** O leite gordo normalizado deve ser enriquecido com proteínas lácteas para formar um iogurte consistente e sem sinérese. As quantidades de proteínas adicionadas são variáveis e dependem da textura pretendida (iogurte para beber, iogurte firme, iogurte mexido). O teor final de proteínas situa-se entre 3,2 e 5%, graças à adição de leite condensado, de leite em pó desnatado ou de substitutos do leite. As proteínas melhoram a textura e disfarçam a acidez

- **Pode ser adicionado açúcar:** 5-10% de açúcar pode ser adicionado ao leite antes da fermentação. Por vezes, o açúcar é adicionado em duas partes, uma antes da fermentação e outra depois, de modo a não atrasar a acidificação. O açúcar é geralmente constituído por sacarose, cristalizada ou em forma líquida (xarope). No caso dos produtos com baixo teor de gordura, são adicionados edulcorantes (aspartame) que, por serem sensíveis ao aquecimento, são sempre adicionados após o tratamento térmico.

c. Homogeneização

O leite normalizado, gordo e enriquecido com proteínas, que pode ser adoçado, constitui a mistura de produção. É homogeneizado para reduzir o tamanho dos glóbulos de gordura. Este processo é essencial para evitar que a gordura suba durante a fermentação. A homogeneização aumenta igualmente a viscosidade do iogurte e reduz a exsudação do soro (ou sinérese) durante a conservação do iogurte firme. Por último, confere ao leite e, por conseguinte, ao iogurte, um aspeto mais branco.

d. Tratamento térmico e arrefecimento

A mistura é submetida a um tratamento térmico. O seu objetivo é :

- Destruir os microrganismos patogénicos que possam estar presentes e a flora mais comum. Elimina igualmente os inibidores naturais.

- desnatura uma grande parte das proteínas solúveis, o que aumenta a capacidade de retenção de água do iogurte e permite que estas proteínas se liguem à caseína. A coalhada é mais firme e a tendência para a expulsão do soro durante a conservação é reduzida.

Podem ser utilizados dois sistemas para tratar a mistura: tratamento descontínuo ou contínuo. O tratamento descontínuo é efectuado em cubas encamisadas, injectando vapor diretamente na camisa, geralmente a 85-90°C durante 15-30 minutos. O sistema contínuo implica a utilização de permutadores de calor de casco e tubo ou, mais frequentemente, de permutadores de calor de placas. As taxas de tratamento térmico variam consoante a instalação: 30 min a 85°C, 5 min a 90-95°C, ou 3 s a 115°C. O tratamento mais comum é o aquecimento a 92°C durante 5 a 7 minutos, com uma taxa de circulação entre 4.000 e 20.000 l/h. O leite é então arrefecido à temperatura de fermentação.

e. Fermentação do leite

Os fermentos são comercializados sob a forma congelada ou liofilizada. [56]São adicionados, em quantidade suficiente (por exemplo, entre 5,10 e 5,10 UFC/ml), o que corresponde a uma taxa de inoculação entre 2,5 e 70 g por 100 litros de leite, consoante a espécie bacteriana, diretamente na cuba de produção (inoculação direta). Em todos os casos, a inoculação é efectuada em leite previamente aquecido à temperatura de fermentação, que depende das bactérias lácticas utilizadas; esta temperatura situa-se entre 40 e 45°C. Dependendo do tipo de iogurte produzido, firme ou mexido, a fermentação é efectuada em vasos ou em cubas de fermentação.

> **Iogurte firme**

A coagulação é efectuada diretamente no frasco, após acondicionamento assético. A inoculação e, se necessário, a adição de aromas ou corantes são efectuadas no leite. Se necessário, os preparados de fruta são adicionados diretamente ao frasco. O leite inoculado é então introduzido nos frascos, que são rapidamente selados, incubados e arrefecidos. A incubação tem lugar em câmaras quentes, com circulação forçada de ar quente, seguida de ar frio para arrefecimento.

> **Iogurte misto**

A fermentação tem lugar na cuba de produção. No final da fermentação, o gel pode ser agitado na cuba, sendo depois bombeado para fora para ser arrefecido e embalado. A cuba pode ser multifuncional (tratamento térmico do leite, fermentação, arrefecimento).

- **Controlo e paragem da fermentação**

Para produzir iogurte, são necessárias duas condições:

o A temperatura de fermentação do iogurte é mantida entre 40 e 45°C, o que corresponde à temperatura óptima para a cultura mista de *S. thermophilus* e *L. bulgaricus*.

o O tempo de incubação é de 3 horas. Isto assegura que a cultura é parada num determinado pH e evita a sobre-acidificação.

Para a produção de iogurtes firmes, apenas a temperatura da câmara de incubação é controlada. O tempo de incubação é definido previamente.

Para a produção de iogurte agitado, os tanques de fermentação estão equipados com um sensor de temperatura e, se necessário, um eléctrodo de pH.

f. Tratamentos pós-fermentação

Este tratamento só é utilizado no fabrico de iogurtes agitados.

- O coágulo é agitado antes do arrefecimento. Esta operação pode ser efectuada quer por agitação lenta na cuba de fermentação, quer por bombagem do gel. A fim de alisar o gel e evitar a presença de grãos no produto, o coágulo pode passar por um filtro.

- No caso dos iogurtes agitados, os diferentes ingredientes (preparados de frutos) são adicionados após a fermentação.

g. Arrefecimento

O processo de arrefecimento deve permitir que a temperatura desça rapidamente de 40-45°C para 4°C, a fim de bloquear as actividades metabólicas e enzimáticas o mais rapidamente possível.

- **Os iogurtes de consistência firme** são arrefecidos em câmaras frigoríficas, através da circulação de ar frio, ou em túneis de arrefecimento. Os frascos são então mantidos a uma temperatura baixa durante o armazenamento, o transporte e a distribuição.

- **Os iogurtes mexidos** são arrefecidos em duas fases. A primeira fase de arrefecimento faz descer o leite fermentado de 40-45°C para cerca de 20°C. O produto é embalado a esta temperatura e depois é submetido a uma segunda fase de arrefecimento numa panela, que baixa a sua temperatura para 4°C. Este método limita os danos estruturais do gel.

h. Embalagem

Os iogurtes são geralmente embalados em dois tipos de material de embalagem: vidro ou plástico (poliestireno):

- Neste caso, são descontaminados antes do enchimento por exposição à luz UV ou por pulverização com peróxido de hidrogénio.

- A embalagem é formada diretamente na máquina de embalagem (potes de plástico). Quando os frascos são formados no local, o aquecimento do plástico necessário para os formar é suficiente para os descontaminar.

Os frascos são enchidos e doseados com bombas de deslocamento positivo. Os frascos são hermeticamente fechados com tampas descontaminadas por radiação infravermelha. Os frascos são depois impressos com uma data de validade.

A figura 24 resume todas as fases de fabrico do iogurte (firme e mexido).

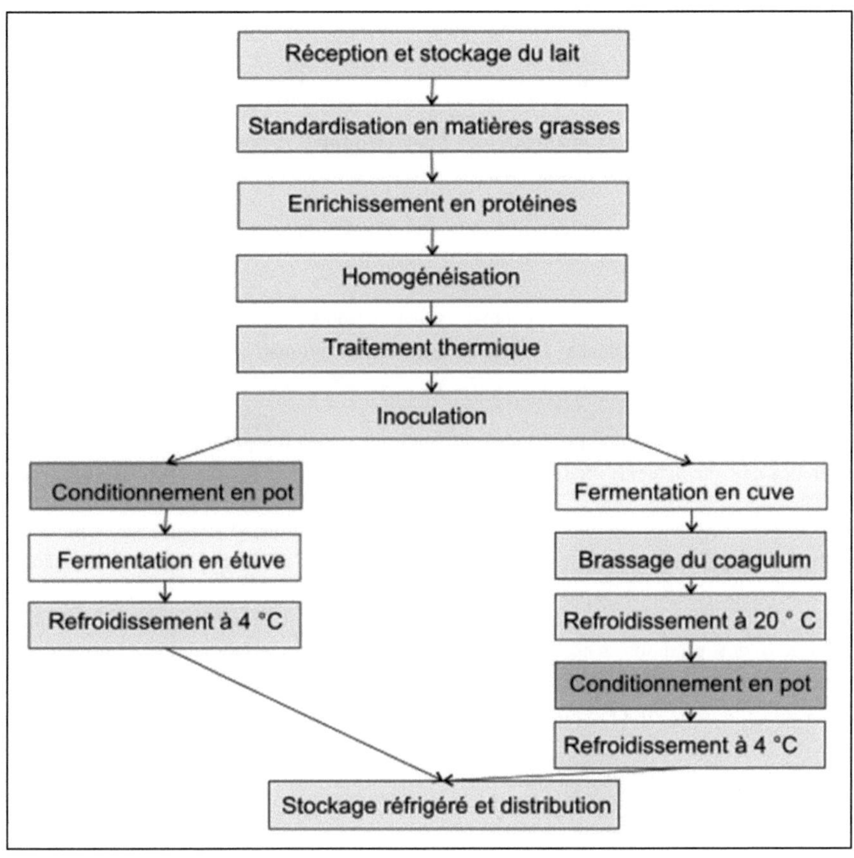

Figura 24: Diagrama da produção de iogurte
(https://commons.wikimedia.org/wiki/File:Fabrication_yaourt.svg).

3.1.2.2. Controlo de qualidade

a. Controlo da qualidade da produção

São efectuados controlos de qualidade das matérias-primas e dos produtos acabados, bem como durante a produção (autocontrolos).

- O controlo de qualidade do leite utilizado como matéria-prima segue os mesmos critérios que para o leite em pó.

- Controlo da qualidade dos fermentos: As propriedades acidificantes de cada lote de fermentos lácticos são verificadas através de um sistema automatizado de controlo da cinética de acidificação.

- Controlo de qualidade dos preparados de fruta: Os riscos microbiológicos associados aos preparados de fruta dizem respeito às leveduras e bolores.

- Controlos efectuados durante a produção: Durante a produção, devem ser controlados determinados pontos críticos como a pasteurização ou a cinética de acidificação. O cumprimento do programa de pasteurização é controlado.

- Controlo dos produtos acabados: No final do processo de fabrico são controladas as caraterísticas microbiológicas, físico-químicas e sensoriais do leite fermentado (critérios de acordo com a legislação). O iogurte deve apresentar as seguintes caraterísticas

  - ✓ Cor limpa e uniforme

  - ✓ Sabor limpo e fragrância caraterística

  - ✓ Textura homogénea (iogurte mexido) e textura firme (iogurte cozido a vapor).

b. Pontos de venda

Trata-se de uma inspeção de conformidade:

- Temperatura de exposição (inferior a 10°C) ;

- As caraterísticas da embalagem e o prazo de validade.

c. Defeitos e deterioração do iogurte

É frequente ocorrerem alterações de sabor, aspeto e textura, algumas das quais prejudiciais à qualidade final do produto. Entre essas alterações, temos as relatadas na tabela a seguir:

Quadro 10: Alterações frequentes no iogurte (Luquet, 1985).

	Natureza	Causas
GOSTO	Amargo	Prazo de validade demasiado longo Atividade proteolítica dos fermentos demasiado elevada Contaminação por germes proteolíticos
	Sabor a levedura, frutado e alcoólico	Contaminação por bolores Frutos de má qualidade
	Sabor a seco, falta de aroma	Fraca atividade da massa fermentada (período de incubação curto, temperatura baixa); Teor de matéria seca demasiado baixo
	Falta de acidez	Fraca atividade da levedura (taxa de sementeira demasiado baixa, período de incubação curto, temperatura baixa)
	Demasiada acidez	Fermentação não efectuada corretamente (taxa de sementeira demasiado elevada, temperatura elevada); arrefecimento não suficientemente lento
	Rancidez	Contaminação por germes lipolíticos
	Sabor a pó de farinha	Excesso de pó
	Sabor a cozinhado	Tratamento térmico demasiado elevado
TEXTURA	Falta de firmeza (iogurte cozido a vapor)	Inoculação demasiado baixa, incubação deficiente (tempo ou temperatura demasiado baixos), agitação antes da coagulação completa, matéria seca demasiado baixa.
	Demasiado líquido (iogurte mexido)	Agitação demasiado violenta, incubação deficiente (tempo e temperatura baixos), baixo teor de matéria seca, fermentos pobres
	Demasiado apertado	Fermentações más, T° tempo de incubação demasiado curto

	Textura arenosa	Demasiado aquecimento do leite, homogeneização a uma temperatura demasiado elevada, demasiado pó, má agitação.
	Textura granular	Má preparação, teor de gordura demasiado elevado
APARÊNCIA	Decantação, sinérese	Sobre-acidificação ou pós-acidificação; Temperatura demasiado elevada durante a armazenagem; Arrefecimento demasiado baixo; Agitação e entrada de ar excessivas; Adição incorrecta de fruta ou polpa de fruta. Iogurtes agitados; Teor de matéria seca demasiado baixo
	Produção de gás	Contaminação por leveduras e coliformes
	Colónias à superfície	Contaminação por leveduras e bolores
	Revestimento de creme	Homogeneização deficiente ou inexistente
	Produto na tampa	Mau manuseamento
	Produto não homogeneizado	Má agitação

3.2 QUEIJO

De acordo com o Codex, o queijo é um produto curado ou não curado, de consistência mole, semi-dura, dura ou extra-dura, que pode ser revestido e cuja relação proteína de soro de leite/caseína não excede a do leite.

Classificações

- **Dependendo da refinação**

o O queijo "fresco ou não curado" é o queijo que está pronto a ser consumido pouco tempo depois do fabrico.

o O queijo "curado" é um queijo que não está pronto para consumo imediatamente após o fabrico, mas que deve ser mantido durante um certo período de tempo à temperatura e nas condições necessárias para que ocorram as alterações bioquímicas e físicas caraterísticas do queijo.

- **Dependendo da consistência da massa**

o Queijo fresco: é um queijo que está pronto a ser consumido pouco tempo depois de produzido, sem maturação.

o Queijo de pasta mole: aplica-se a todos os queijos que não tenham sido prensados ou aquecidos durante o processo de produção:

- Crosta florida: São queijos com uma casca branca e felpuda.

- Crosta lavada: a superfície do queijo é regularmente lavada com água de salinidade variável e escovada para ativar a fermentação.

o Queijo de pasta azul: o queijo é inoculado com um fungo chamado penicillium. Esta categoria é por vezes classificada como um queijo de pasta mole.

o Queijos prensados: a coalhada é prensada durante o processo de moldagem:

- Pasta cozida: a coalhada é aquecida

- Queijo cru: a coalhada não foi aquecida.

3.2.1. Princípios de fabrico

O queijo é o produto obtido por coagulação do leite seguida de dessoramento do coágulo. É essencialmente constituído por um gel de caseína que retém os glóbulos de gordura e uma maior ou menor proporção da fase aquosa do leite.

O processo de fabrico do queijo é composto por três fases:

- coagulação ou formação do gel ou coágulo;

- drenagem ou desidratação do gel, dando origem a uma coalhada;

- maturação ou digestão enzimática da coalhada.

Esta última etapa não existe no caso do "fromage frais" consumido depois de escorrido.

a. Preparação do leite

Atualmente, muito poucos leites são utilizados na sua forma original. Apenas alguns queijos têm esta caraterística. A produção industrial exige que o leite seja recolhido, armazenado e transformado nos seus diferentes componentes.

- **Alterações na flora do leite**

O leite é arrefecido em tanques refrigerados logo após a ordenha. O objetivo desta operação é preservar a qualidade do leite e retardar a proliferação das espécies bacterianas presentes, essencialmente a flora láctica mesófila, responsável pela acidificação do leite, e a flora patogénica ou nociva.

- **Saneamento do leite**

Para higienizar o leite, recorre-se frequentemente ao tratamento térmico, com diferentes graus de intensidade consoante o tipo de queijo: 63 a 66°C durante 30 segundos para os queijos cozidos prensados, 95°C durante 4 a 5 minutos para os queijos frescos. Esta técnica é efectuada com pasteurizadores. A escolha da combinação tempo/temperatura na queijaria depende do tipo de produto. O aquecimento pode ser moderado e não altera as qualidades queijeiras do leite, mas a segurança higiénica pode ser insuficiente. Estes tratamentos térmicos menos severos são frequentemente designados por termização.

- **Normalização das gorduras**

O teor de gordura é ajustado quer pela adição de leite magro ao leite gordo, quer pela adição de natas ao leite gordo.

- **Normalização das matérias** proteicas

O enriquecimento proteico do leite utilizado na produção de queijo tem como objetivo aumentar o rendimento e a consistência da qualidade do queijo, bem como melhorar a produtividade. É conseguido através da adição de leite em pó, caseinato ou proteína de soro de leite ao leite. O teor de proteínas finalmente alcançado varia de acordo com os critérios de qualidade pretendidos. Na maioria dos casos, situa-se entre 37 e 45g/kg.

- **Teor reduzido de lactose**

Para limitar a produção de ácido lático em certos queijos. Utilizando técnicas de membrana e de ultrafiltração do leite antes da sua entrada em produção.

- **Reequilíbrio do cálcio**

Quando o leite é pasteurizado, uma parte do cálcio solúvel precipita. 2Para restabelecer o comportamento normal do leite pasteurizado (e do leite arrefecido) durante a coagulação e o escoamento, é geralmente suficiente adicionar cloreto de cálcio anidro (CaCl) numa dose máxima de 0,2 g/litro. Um excesso de cálcio pode provocar defeitos de sabor.

b. Coagulação

A coagulação pode ser efectuada de duas formas:

o Ou ácido por fermentação com bactérias lácticas

o Ou enzimaticamente, utilizando enzimas.

Nas técnicas tradicionais de fabrico de queijo, os dois métodos de coagulação não são utilizados separadamente; a coagulação é, de facto, mista. Apenas varia a importância relativa da coagulação ácida e da coagulação enzimática. Os três tipos de coágulos obtidos :

- **Coágulos com um carácter lático dominante:** a coagulação láctica ocorre quando a acidez se desenvolveu intensamente (pH entre 5,5 e 4,6). A dose de coalho é baixa e a temperatura relativamente baixa (18 a 28°C). O coágulo é friável, desmineralizado, poroso e as proteínas muito hidratadas. Os queijos produzidos são principalmente queijos frescos (fromage blanc, petits suisses, etc.).

- **Coágulos com um carácter dominante de coalho:** a coagulação com coalho é aplicada quando a acidez se mantém praticamente ao mesmo nível que a do leite. A dose de coalho é elevada e a temperatura é próxima dos 33°C ou mesmo superior. O coágulo obtido é elástico, flexível e muito mineralizado. São necessários meios mecânicos para retirar o soro. Os queijos produzidos são os queijos de pasta prensada (Edam, Cantal, Cheddar, Gruyère).

- **Coagulantes mistos:** a coagulação mista obtém-se quando o leite é moderadamente ácido no momento da coagulação (pH 6,5 a 5,5) e é utilizada uma dose intermédia de coalho. Esta gama de soluções é uma das origens da diversidade dos queijos. Os queijos produzidos são queijos de pasta mole (Camembert, Brie, Munster, Bleu, etc.).

c. Drenagem

- **Sinérese**

Após a solidificação da coalhada no gel, esta escorre. Este processo é designado por sinérese e corresponde à expulsão ativa de uma parte do soro por contração do gel, com o aparecimento espontâneo de gotículas finas na sua superfície, que crescem e se juntam para formar uma película líquida e um processo passivo resultante da permeabilidade do coágulo, durante o qual se verifica a saída de outra parte do soro. O método de coagulação tem uma forte influência na estrutura do gel. Os géis obtidos por coagulação ácida têm micelas associadas em aglomerados e escoam espontaneamente, mas de forma lenta e incompleta. Em contrapartida, nos leites produzidos enzimaticamente, as micelas estão associadas em rede e formam vacúolos que retêm o soro; a capacidade de escoamento espontâneo destes géis é, portanto, fraca. É então necessário aplicar acções físicas como o corte, a agitação e a prensagem, ou tratamentos físico-químicos adequados como o aquecimento.

- **Corte**

A exsudação tem lugar nas interfaces coalhada/soro; ao criar um maior intercâmbio através do corte da coalhada, a drenagem é favorecida. O corte pode ser grosseiro (com uma concha), regular (em cubos de 1 a 2 cm) ou fino (pequenos grãos). Nalguns casos, a mistura de soro e de coalhada é agitada para evitar que a coalhada se cole e para favorecer o escoamento.

Figura 25: Corte da coalhada (http://www.ulb.ac.be/sciences/cudec/LaitDerives.html).

- **Pressionar**

Quando o objetivo é obter um baixo teor de água no queijo, a coalhada é prensada no molde depois de ter sido removida a maior parte do soro; o escorrimento sob a prensa representa geralmente apenas 2 a 5% do soro total.

Figura 26: Drenagem com pressão
(http://www.jaimelebeaufort.fr/modeles/blog/images/fabrication_presses_pneumatiques.jpg)

- **Reviravolta**

Elimina o soro acumulado nas cavidades, tornando o teor de água mais uniforme nas diferentes zonas e acelerando o dessoramento (queijo de pasta mole).

Figura 27: Escoamento por tombamento

(https://fromagedechevre.weebly.com/i-initiation-agrave-la-fabrication.html)

- **Tratamento térmico**

O calor promove reacções no coágulo, o que acentua a capacidade de contração da estrutura proteica e promove a expulsão do soro. O aquecimento é geralmente utilizado (até um máximo de 55°C) quando é necessário um elevado teor de matéria seca no queijo (queijo cozido prensado).

d. Salga

A salga dos queijos é geralmente efectuada quer por aspersão de sal seco à superfície, em duas fases ou numa só, quer por imersão numa salmoura frequentemente saturada durante um período que varia entre 10 minutos e 48 horas, consoante o tamanho do queijo e o nível de sal necessário. Em certos casos, o sal é introduzido diretamente na massa do queijo.

O cloreto de sódio tem várias funções no queijo. Confere um sabor salgado e tem a capacidade de realçar ou mascarar o sabor de certas substâncias formadas durante a maturação. Modifica a hidratação das proteínas, o que tem por efeito favorecer o escoamento do soro, provocando um escoamento suplementar e a formação de uma crosta na superfície do queijo. Por conseguinte, o cloreto de sódio afecta a atividade da água no queijo, o que, por sua vez, afecta o desenvolvimento microbiológico, tanto no interior da pasta como à superfície, bem como as reacções químicas e bioquímicas. Consequentemente, a maturação do queijo é preparada.

e. Refinação

Exceto quando o coágulo é consumido fresco, o queijo passa por um processo de maturação que altera a sua composição, valor nutricional, digestibilidade e caraterísticas organolépticas. Os processos mais evidentes que ocorrem são :

• Formação de uma crosta mais ou menos dura que, consoante o queijo em causa, se apresenta seca ou coberta por uma camada de fermentos ou bolores.

• Forma-se uma pasta macia e homogénea, cuja cor pode variar entre o branco e o amarelo.

• Formação de buracos, fendas ou fissuras.

Estas alterações são provocadas por várias enzimas, que provêm de três fontes: as naturalmente presentes no leite, os agentes coagulantes adicionados e as produzidas por vários microrganismos bacterianos, leveduras e bolores.

A maturação é, pois, um processo muito complexo devido à natureza do substrato, à diversidade dos agentes responsáveis, à variedade das transformações e ao número de produtos formados. A maturação transforma progressivamente os constituintes do queijo numa multiplicidade de compostos que lhe conferem as suas caraterísticas, a sua textura, o seu sabor e o seu aroma. É dominada por um certo número de fenómenos bioquímicos, dos quais os mais importantes são a fermentação da lactose, a degradação enzimática das proteínas e a hidrólise das gorduras.

• A lactose é hidrolisada por um certo número de microrganismos. O principal metabolito obtido é o ácido lático sob a forma de lactato. Outras formas de transformação da lactose conduzem à formação de vários compostos como o CO_2, a água, o etanol, os ácidos acético, fórmico e succínico, os álcoois e a galactose. O lactato é também convertido em ácidos acético e propiónico e CO_2.

• A gordura é essencialmente constituída por triglicéridos. Os bolores são os microrganismos mais lipolíticos do queijo. Os ácidos gordos formados podem então ser modificados por microrganismos e enzimas. Os compostos mais frequentemente identificados nos queijos são os ésteres, as metilcetonas, os tioésteres, os álcoois secundários e as lactonas.

• As proteínas sofrem uma série de transformações que resultam no aparecimento de fracções peptídicas de peso molecular cada vez mais baixo, de aminoácidos livres e de compostos resultantes do catabolismo destes últimos. Estas transformações contribuem para a textura e o sabor do queijo.

As principais transformações dos componentes do leite durante a preparação do queijo são apresentadas na Figura 28.

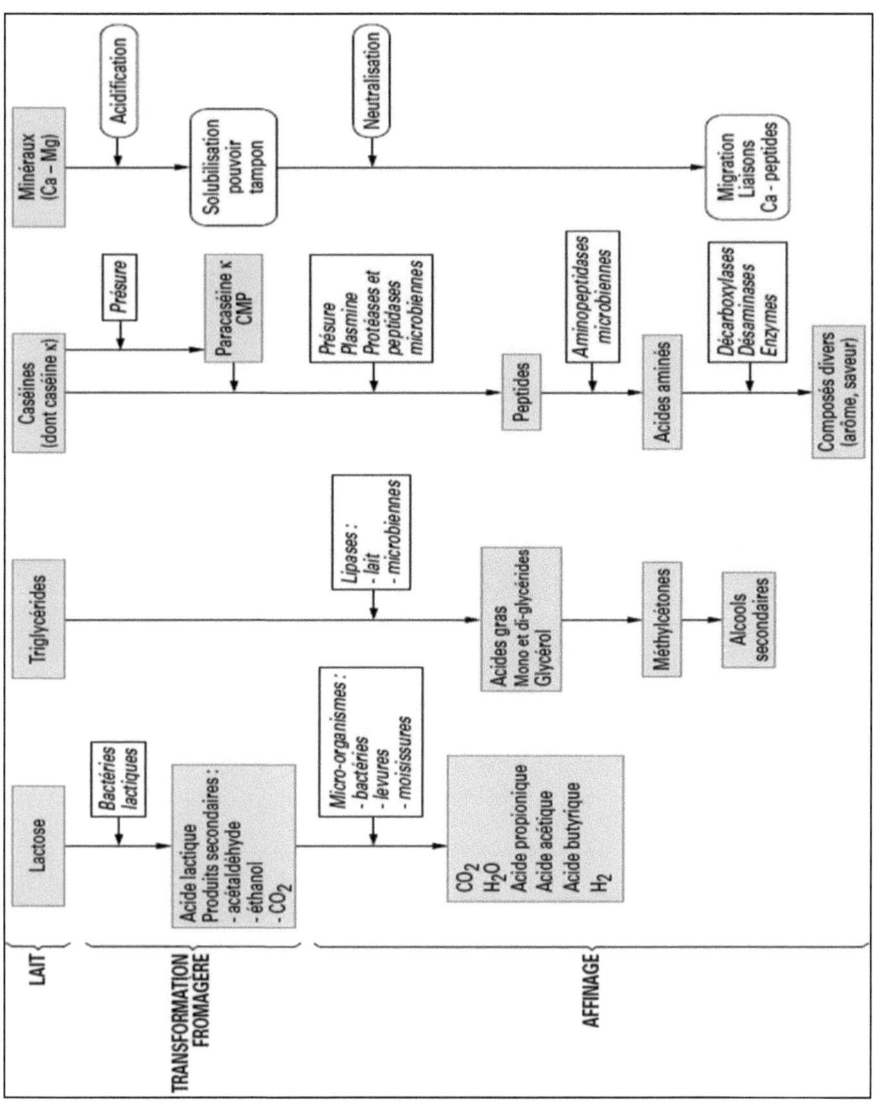

Figura 28: Principais transformações dos componentes do leite durante a produção de queijo (Goudédranche et al., 2001)

Comparação das diferentes fases de fabrico do queijo

Existe uma grande variedade de queijos e, embora sejam classificados de acordo com o tipo de pasta, diferem na forma como são semeados, escorridos e curados.

O quadro 11 apresenta uma síntese dos diferentes queijos, de acordo com o tipo de pasta, o método de cura e algumas das caraterísticas específicas da sua produção.

Quadro 11: Apresentação dos diferentes tipos de queijo e de algumas particularidades do seu fabrico

Type de fromage		Exemples	Coagulation	Egouttage	Salage	Affinage/(taux d'humidité)
Fromages à pâte fraîche		Petit suisse, fromages blancs	Lactique sans ou avec légère action de présure ou présure seule	Spontané 6 à 48 h, ou centrifugation	Non sauf demi-sel	Aucun (70 à 75 %)
Fromages à pâte molle	**croûte fleurie**	Camembert, Brie (vache), Chabichou, Sainte Maure (chèvre)	Mixte à dominante lactique	Spontané et tranchage éventuel 1 à 3 jours	Sel sec ou saumure	3 à 8 semaines 10 à 14°C (50 à 55 %)
	croûte lavée	Munster, Epoisse, Maroille, Livarot				
	pâte persillée	Roquefort (brebis), Bleu d'Auvergne (vache)	Mixte à dominante présure	Découpage et brassage 2 à 5 jours	Sel sec ou saumure	1,5 à 3 mois 6 à 10°C (50 à 55 %)
Fromages à pâte pressée	**non cuite**	Reblochon, Cantal	Présure	Découpage, brassage et pressage 3 à 24 h	Sel sec	3 semaines à 3 mois 10 à 14°C (45 à 50 %)
	cuite	Beaufort, Comté		Découpage, brassage, chauffage (55°C) puis pressage 24 h	Sel sec ou saumure	1 à 3 semaines 10 à 12°C puis 2 à 6 mois à 16-20°C (35 à 40 %)

3.2.2. Qualidade

3.2.2.1. Defeitos de fabrico

Existe uma grande variedade de queijos e cada tipo de queijo pode apresentar defeitos de fabrico. Aqui, vamos ver alguns dos defeitos e acidentes que podem ocorrer no fabrico de queijos de pasta mole. Existem :

* Acidentes de superfície

* Acidentes na massa

Quadro 12: Alguns defeitos dos queijos de pasta mole (Goudédranche et al., 2001; Desfleurs et al., 1985; Tormo et al., 2004)

Defeitos	Comentários	Causas/Causas de origem	
DEFEITOS DE APARÊNCIA			
Azul	Aparecimento de manchas azuladas ou esverdeadas na superfície	Desenvolvimento de Penicillium expansum (glaucum) e/ou contaminação por Penicillium roqueforti. Contaminação do ambiente da sala de produção	
	Desenvolvimento da cor azul massa interior Queijos de pasta mole do tipo Camembert	Contaminação do leite pela alimentação das vacas com silagem de milho com bolor Contaminação da atmosfera nas salas de produção	
Mucor de pelo de gato	Aparecimento de manchas negras por cima da feltragem branca	Desenvolvimento de mucor (Mucor mucedo). Acidificação insuficiente, drenagem e/ou salga	

Casca gordurosa Oídio ou oídio ou "pele de sapo	Casca espessa e enrugada, gordurosa ao tato e que tende a descolar-se facilmente O Penicillium camemberti tem dificuldade em estabelecer-se.	Desenvolvimento excessivo de Geotrichum candidum (Oïdium lactis). Temperatura demasiado elevada no final da drenagem ou no hâloir.	
Manchas pretas ou castanhas		Contaminação por Penicillium bruno-violaceum, que produz ácido puberúlico incolor. Na presença de sais de ferro, o ácido torna-se castanho-púrpura.	
Amarelecimento e escurecimento da crosta	Envelhecimento rápido do Penicillium camemberti, que primeiro fica amarelo e depois castanho	Desenvolvimento inadequado de *Penicillium camemberti*. Condensação sob papel	

DEFEITOS DE TEXTURA			
Pasta seca	Queijo de gesso, o núcleo do queijo permanece esbranquiçado, firme e ácido	Maturação insuficiente devido a escorrimento excessivo Temperatura do local de escorrimento demasiado elevada	
Pasta pastosa	Queijo que "espalha" O excesso de humidade não pode ser absorvido pelos bolores	Desenvolvimento excessivo de flora proteolítica. Drenagem insuficiente e/ou acidificação demasiado lenta. Presença de resíduos de antibióticos ou de produtos químicos.	
Inchaço precoce	Numerosos orifícios redondos de tamanho variável (desde o tamanho de uma cabeça de alfinete até à forma de uma esponja)	Contaminação por coliformes e/ou excesso de bactérias heterofermentativas. Acidificação tardia e/ou insuficiente. Drenagem deficiente	

DEFEITOS DE SABOR			
Rance	Lipólise excessiva com ausência de sabor a ranço e/ou sabão	Degradação de MG por lipases de bactérias psicotrópicas presentes no leite. Má higiene da ordenha Temperatura de armazenamento do leite demasiado elevada e/ou prazo de validade demasiado longo. Estirpes de P. camemberti ou roqueforti demasiado lipolíticas	
Amargo		Acumulação de péptidos amargos no meio. Causas múltiplas: presença de germes psicotrópicos, acidificação e drenagem demasiado rápidas, coagulantes, excesso de cloreto de cálcio, etc. Atividade excessiva da protease ácida de P. camemberti	
O gosto do celuloide		Produção de estireno por Penicillium camemberti a partir de aminoácidos como a fenilalanina quando o meio carece de um substrato de carbono (ácido lático).	
Sabor a terra ou a batata	Aparecimento do defeito nos queijos de casca lavada	Contaminação do leite por Pseudomonas graveolens	
Sabor a cogumelos		Origens tecnológicas não bem conhecidas, oxidação de ácidos gordos insaturados por Penicillium camemberti	

3.2.2.2. Qualidade microbiológica

Um leite de alta qualidade e uma gestão cuidadosa do processo microbiológico permitem produzir queijo de alta qualidade e de boa conservação. No entanto, a flora bacteriana presente nos queijos também pode ter origem no equipamento e no ambiente de produção ou na adição de fermentos lácticos durante o fabrico. As análises microbiológicas dos queijos centram-se geralmente nos germes ou grupos de germes que podem ter um impacto na qualidade, bem como nos agentes patogénicos que representam um risco para a saúde do consumidor. Os critérios microbiológicos diferem consoante o tipo de queijo.

REFERÊNCIAS BIBLIOGRÁFICAS

1. Abdullah M.A. e Alkhatib B., 2021. Algumas propriedades físico-químicas do ghee de ovelha tradicional (Samen Baladi) de amostras piloto na Jordânia, Revisão. Jornal da Sociedade Saudita de Ciências Agrícolas, 20, 111-115.

2. Abebe B., Mohammed YK., Zelalem Y., 2014. Manuseamento Processamento e utilização de leite e produtos lácteos na Etiópia, Revisão. World Dairy Food, 9(2), 105-112.

3. Aljaafreh A., Al-Tahiri R., Abadleh A. e Mansour A.M., 2019. Automação da produção tradicional de manteiga e ghee, Review. 45 (3), 45-52.

4. Amiot J., Fournier S., Lebeuf Y., Paquin P. e Simpson R., 2002. In: Vignola C.L. Sciences et technologiques du lait : transformation du lait, Ecole polytechniques de Québec, 600p.

5. Anónimo, 2019. Diversificar a sua produção: nata e manteiga, ficha informativa. https://mrepaca.fr/wp-content/uploads/2019/06/Fabriquer-de-la-creme-et-du-beurre.pdf

6. Bauman, D.E., 2000. Regulation of Nutrient Partitioning during Lactation: Homeostasis and Homeorhesis Revisited. In: Cronje, P.J., Ed, Ruman Physiology. Digestão. Metabolismo e Crescimento e Crescimento e Reprodução, CAB Publishing, Nova Iorque, 311-327.

7. Béal C., Sodini I., 2003. Fabrico de iogurtes e leites fermentados. Techniques de l'Ingénieur, traité Agroalimentaire. Doc. F 6 315

8. Bellakhdar J., 2008. Hommes et plantes au Maghreb : éléments pour une méthode en Ethnobotanique, Maroc, Plurimondes, 386 p.

9. Benerroum N., Tamine A.Y., 2004. Transferência de tecnologia de alguns produtos lácteos tradicionais marroquinos (lben, jben e smen) para a pequena escala industrial. Food Microbiology, 21(4), 399-413.

10. Benkerroum N., 2013. Alimentos fermentados tradicionais dos países do Norte de África: desafios tecnológicos e de segurança alimentar no que respeita aos riscos microbiológicos. Revisões abrangentes. Ciência Alimentar e Segurança Alimentar, 12, 54.

11. Benkerroum N., Tamime A.Y., 2004. Transferência de tecnologia de alguns produtos lácteos tradicionais marroquinos (Lben, Jben e Smen) para a pequena escala industrial. Food Microbioly, 21(4), 399-413.

12. Bernard L., Leroux C. e Chilliard Y., 2008. Expressão e regulação nutricional de genes lipogénicos na glândula mamária lactante de ruminantes. Bioactive Components of Milk, In Advances in Experimental Medicine and Biology, 606, 67-108.

13. Bingham E.W. e Groves M.L., 1979. Properties of casein kinase from lactating bovine mammary gland. J. Biol. Chem. 254, 4510-4515.

14. Boisgard R. Chanat E., Lavialle F., Pauloin A., e Ollivier-Bousquet M., 2001. Caminhos percorridos pelas proteínas do leite nas células epiteliais mamárias. Livestock Production Science, 70, 49-61.

15. Boubekri C., Tantaoui Elaraki A., Berrada M., Benkerroum N., 1984. Caractérisation physicochimique du l'ben marocain. Le Lait, Edições INRA, 436-447.

16. Bouseta A., Selli S., Amanpour A. e TsouliSarhir S., 2021. Artigo de pesquisa original, impressão digital de compostos ativos de aroma e valores de atividade de odor em uma manteiga fermentada marroquina tradicional "Smen" usando GC-MS-Olfactometry, 96, 1-10.

17. Boussekine R., Merabti R., Barkat M., Becila F., Belhoula N., Mounier J., Bekhouche F., 2020. Manteiga fermentada tradicional smen/dhan: conhecimento atual, produção e consumo na Argélia. Jornal de Investigação Alimentar, 9(4), 71-82.

18. Boutinaud M. e Jammes H., 2002. Potential uses of milk epithelial cells: a review. Reprod. Nutr. Dev. 42,133-147.

19. Boutinaud M., Guinard-Flament J., Jammes H., 2004. O número e a atividade das células epiteliais mamárias, factores determinantes para a produção de leite. Reprod. Nutr. Dev. 44, 499-508.

20. Boutonnier J.L., 2007. Standard cream and butter milk fat, Technique de l'ingénieur, traité Agroalimentaire. Doc F 321, 16 p.

21. Bova F., 2012. Estudo sobre a evolução e as perspetivas das utilizações das gorduras e proteínas lácteas pelas indústrias agroalimentares da União Europeia. Estudo efectuado por GEM e AND International para FranceAgriMer. Relatório final 152p.

22. Brenaut P., Bangera R., Bevilacqua C., Rebours E., Cebo C., Martin P., 2012. Validação do RNA isolado dos glóbulos de gordura do leite para traçar o perfil da expressão das células epiteliais mamárias durante a lactação e a resposta transcricional a uma infeção bacteriana. Journal of Dairy Science 95, 6130-6144.

23. Brodin D., 1989. Espalhabilidade da manteiga: métodos de avaliação, melhoria por cristalização fraccionada. Tese. Universidade de Caen, França.

24. Brown D.A., 2001. Lipid droplets: proteinas flutuando numa piscina de gordura. Curr. Biol. 11(11), 446-449.

25. Burgoyne R.D., e Duncan J.S., 1998. Secretion of Milk Proteins (Secreção de proteínas do leite). J Mammary Gland Biol Neoplasia, 3, 275-286.

26. Bylund G., 1995. Manteiga e produtos lácteos para barrar. Dairy processing handbook. Tetra Pak Processing Systems AB S-221 86 Lund, Suécia, 442p.

27. Capuco A.V., Wood D.L., Baldwin R., McLeod K., Paape M.J., 2001. Mammary cell number, proliferation, and apoptosis during bovine lactation: relation to milk production and effect of bST. Journal of Dairy Science, 84, 2177-2187.

28. Cayot P., e Lorient D., 1998. Estruturas e tecnofunções das proteínas do leite, TEC & DOC. ed. Lavoisier, 384p.

29. Cesbron-Lavau E., Lubrano-Lavadera A.S., Braesco V., Deschamps E., 2017. Fromage frais, petits-suisses e leites fermentados ricos em proteínas. Cahiers de nutrition et de diététique 52, 33-40.

30. Chilliard Y. 2006. A alimentação dos ruminantes e a composição em ácidos gordos do seu leite: qual é a plasticidade dos diferentes isómeros trans de C18:1 e C18:2? Sci. Aliments 26:475-479.

31. Codex Alimentarius, 1995. Codex STAN 193-1995, Norma Geral do Codex para a Manteiga, p 01.

32. Codex, 2011. Norma do Codex para leites fermentados. Leite e produtos lácteos (2.ª edição). www.fao.org/input/download/standards/332/CXS_206f.pdf.

33. erCongrès international de la répression des fraudes, 1909. 1 Congrès pour la répression des fraudes alimentaires et pharmaceutiques, Paris.

34. Corredig M. e Dalgleish D.G., 1998. Effect of Heating of Cream on the Properties of Milk Fat Globule Membrane Isolates (Efeito do aquecimento da nata nas propriedades dos isolados da membrana do glóbulo de gordura do leite). Journal of Agricultural and Food Chemistry, 46(7), 2533-2540.

35. Courtin P., Monnet M. et Rul F., 2002. As proteinases de parede celular PrtS e Prt B têm um papel diferente em culturas mistas de Streptococcus thermophiles / Lactobacillus bulgaricue no leite. Microbilogy, 148, 3413-3421.

36. Couture Y. e Mulon P.Y., 2005. Procedimentos e cirurgias da teta. Veterinary Clinics of North America: Food Animal Practice, 21(1), 173-204.

37. Couvreur S., e Hurtaud C., 2007. O glóbulo de gordura do leite: secreção, composição, funções e factores de variação. INRA Prod. Anim. 20(5), 369-382.

38. Croguennec T., Jeantet R., Brulé G., 2008. Fundamentos físico-químicos da tecnologia láctea, TEC & DOC, Ed. Lavoisier, 184p.

39. Dalgleish D.G., e Corredig M., 2012. A estrutura da micela de caseína do leite e suas mudanças durante o processamento. Revisão Anual de Ciência e Tecnologia Alimentar, 3, 449-467.

40. Danthine S., Blecker C., Paquot M., Innocente N., Deroanne C., 2000. Evolução dos conhecimentos sobre a membrana do glóbulo vermelho do leite: síntese bibliográfica. Leite, 80, 209-222.

41. De Ofeu Aguiar Prado L., 2018. Previsão da produção e composição da gordura do leite por modelação: papel dos fluxos de nutrientes absorvidos. Tese de doutoramento, Universidade de Paris-Saclay, 256p.

42. Delouis C. e Richard P., 1991. La lactation. In: Thibault C. e Levasseur M., La reproduction chez les mammifères et chez l'homme. Editores. INRA, Ellipse, Paris, França 486-514.

43. Demeffe L. e Vercaigne J P., 2016. Approche de défauts Accidents de fabrication en fromagerie. Pôle Technologique DiversiFerm. http://diversiferm.be/wp-content/uploads/2015/11/Approche-de-d%C3%A9fauts-de-fabrication-de-fromages.pdf

44. Desfleurs M., Desmazeaud M., Hardy J., Souverain R., 1985. Ajudas tecnológicas. Em Luquet F.M., Laits et produits laitiers, Vol 2. Lavoisier TEC&DOC, Paris.

45. Dickow J.A., Larsen L.B., Hammershøj M., Wiking L., 2011. O arrefecimento provoca alterações na distribuição da lipoproteína lipase e das proteínas da membrana do glóbulo de gordura do leite entre o leite desnatado e a fase de nata. Journal of Dairy Science, 94(2), 646-656.

46. Dosogne H., Arendt J., Gabriel A., Burvenich C., 2000. Physiological aspects of milk secretion by the bovine udder, Ann. Vet. Vet, 144(6), 357-382.

47. Dudez P., Simson D., François M., 2017. Transformar os produtos lácteos frescos na exploração, Educagri, Paris, França, 128p.

48. Dylewski D.P., Dapper C.H., Valivullah H.M., Deeney J.T., Keenan T.W., 1984. Morphological and biochemical characterization of possible intracellular precursors of milk lipid globules. Eur. J. Cell Biol, 35, 99-111.

49. El-Aidie S.A-A.M., 2018, The Healthiness of Commercial Butter in Malaysia: Evaluation ofthe Physicochemical and Microbial Quality, 1(4), 1-7.

50. Evers J.M., 2004. A composição da membrana do glóbulo de gordura do leite e as alterações estruturais após a secreção pela célula secretora mamária. Int. Dairy J., 14, 661-674.

51. FAO (Organização das Nações Unidas para a Alimentação e a Agricultura), 1998. Milk and milk products in human nutrition, FAO Food and Nutrition Paper Series, No. 28. https://www.fao.org/3/t4280f/t4280f00.htm

52. FAO, 1990. A tecnologia dos produtos lácteos tradicionais nos países em desenvolvimento. Paper N°85, Roma, Organização das Nações Unidas para a Alimentação e a Agricultura, 333p.

53. FAO, 1998. Leite e produtos lácteos na nutrição humana. FAO Food and Nutrition Paper Series No. 28. Organização das Nações Unidas para a Alimentação e a Agricultura (FAO) e Rede de Informação sobre Operações Pós-Colheita. http://www.fao.org/docrep/T4280F/T4280F00.htm.

54. FAO, 2023. Porta de entrada para a produção de leite e produtos lácteos, a composição do leite https://www.fao.org/dairy-production-products/products/la-composition-du-lait/fr/

55. Federighi M., 2005. Compêndio de bacteriologia alimentar e higiene alimentar. 2, Ed.

56. Fredot E., 2005. Conhecimento dos alimentos, bases alimentares e nutricionais da dietética, Tec & Doc, Lavoisier, Paris, 295 p.

57. Gavoye S. e Paysant B. Coagulantes. História dos coagulantes. Revue des ENIL n° 347 / 12 - 2017.

58. Gazu L., Eshete T., Kassa G., 2018. Análise físico-química e qualidade microbiana da manteiga de vaca obtida no distrito de Menz da região de Amhara, Etiópia. Afr. J. Bacteriol. Res. 10(3), 34-43.

59. Gille D., e Schmid A., 2015. Vitamina B12 na carne e nos produtos lácteos. Nutr. Rev. 73,106-115.

60. Goudédranche H.; Camier-Caudron B.; Gassi J.Y.; Schuck P., 2001. Processos de transformação do queijo (partes 1 e 2). Techniques de l'Ingénieur, traité Agroalimentaire Réf : F6305 v1, F6306 v1.

61. Goudédranche H.; Camier-Caudron B., Gassi J. Y.; Schuck P., 2002. Processos de transformação do queijo (parte 3). Techniques de l'Ingénieur, traité Agroalimentaire Ref: F6307 v1.

62. Guigue I., 2016. L'affinage : Généralités. Institut de l'élevage. http://idele.fr/reseaux-et-partenariats/reseaux-mixtes-technologiques/publication/idelesolr/recommends/laffinage-des-fromages-fermiers-lactiques.html

63. Guizani N., Haffar K., Fekih Hassen J., Karoui I., Gaida Mahjoub A. Et Zidi Y., 2012. Melhores técnicas disponíveis (MTD) para a indústria de laticínios. Relatório final, Estudo

realizado pelo Instituto Flamengo de Investigação Tecnológica (VITO, Bélgica), o Centro Internacional de Tecnologias Ambientais de Tunes (CITET, Tunísia).

64. Haddadian Z., Bremer P., Eyres G.T., Carne A., Everett D.W., 2016. O impacto das condições de batedura de creme na atividade da xantina oxidase e no potencial de oxidação-redução em sistemas de emulsão modelo. International Dairy Journal, 60, 55-61.

65. Harrati E., 1974. Investigação sobre o Lben. Laboratoire de microbiologie, Institut National Agronomique d'Alger, 21-29.

66. Heid H.W., Keenan T.W., 2005. Origem intracelular e secreção dos glóbulos de gordura do leite. Eur. J. Cell Biol, 84, 245-258.

67. Herve L., Quesnel H., Lollivier V., Boutinaud M., 2015. Regulação do número de células na glândula mamária através do controlo do processo de esfoliação no leite em ruminantes. J. Dairy Sci. 99, 1-10.

68. Houlihan A.V., Goddard P.A., Kitchen B.J., Masters C.J., 1992. Changes in structure of the bovine milk fat globule membrane on heating whole milk. Journal of Dairy Research 59(03), 321-329.

69. Hunziker W., e Kraehenbuhl JP, 1998. Epithelial transcytosis of immunoglobulins. J Mammary Gland Biol Neoplasia, 3, 287-302.

70. Husveth F., 2011. Aspectos fisiológicos e reprodutivos da produção animal. Criado por XMLmind XSL-FO Converter, 118 p. https://dtk.tankonyvtar.hu/xmlui/bitstream/handle/123456789/7396/0010_1A_Book_angol _05_termeleselettan.pdf?sequence=1&isAllowed=y

71. Idoui T., Benhamada N., Leghouchi E. (2010). Qualidade microbiana, caraterísticas físico-químicas e composição em ácidos gordos de uma manteiga tradicional produzida a partir de leite de vaca na Argélia Oriental. Grasas y Aceites, 61(3), 232-236.

72. Jammes H., e Djiane J., 1988. O desenvolvimento da glândula mamária e o seu controlo hormonal na espécie bovina. INRA Prod. Anim. 1, 299-310.

73. Jeantet R., Croguennec T., Mahaut M., Schuck P., Brulé G., 2008. Produtos lácteos, Tec et Doc Ed, Lavoisier, 184p.

74. Jensen R.G. 1995. Handbook of milk composition. Academic Press, 919 p.

75. Jensen R.G. 2002. The Composition of Bovine Milk Lipids: January 1995 to December 2000. Journal of Dairy Science, 85(2), 295-350.

76. JORA (Journal officiel de la république Algérienne) 2017, Despacho interministerial de 2 de Moharram 1438 correspondente a 4 de outubro de 2016 que fixa os critérios

microbiológicos dos géneros alimentícios. Journal officiel de la république algérienne n°
39 du (8 Chaoual 1438) 2 de julho de 2017.

77. JORA. (Jornal Oficial da República Argelina), 1998. Decreto interministerial n.º 96 de 10
de dezembro de 1998.

78. JORF, 2007. Decreto n.º 2007-628, de 27 de abril de 2007, relativo aos queijos e
especialidades de queijo

79. Juriaanse A.C. e Heertje I., 1988. Microstructure of shortenings, margarine and butter: a
review. Food Microstructure, 7(2), 181-188.

80. Kathriarachchi K., Leus M., Everett D.W., 2014. Oxidação de aldeídos pela xantina
oxidase localizada na superfície de emulsões e glóbulos de gordura do leite lavados. Int.
Dairy J., 37(2), 117-26.

81. Keenan T.W., Dylewski D.P., 1995. Origem intracelular dos glóbulos lipídicos do leite e
a natureza e estrutura da membrana do glóbulo lipídico do leite. In: Advanced dairy
chemistry 2. Lipids, 2 Ed, Fox P.F. (Ed), Chapman and Hall, London, UK, 2, 89-130.

82. Keenan T.W., Patton S., 1995. A membrana do glóbulo lipídico do leite. In: Handbook of
milk composition. Jensen R. G. (Ed), Academic Press, Nova Iorque, EUA, 5-62.

83. Keogh, M.K., 2006. Chemistry and Technology of Butter and Milk fat Spreads.
Advanced Dairy Chemistry. P.F. Fox e P. L. H. McSweeney. Nova Iorque, Springer. 2:
lípidos: 333-363.

84. Klein M.S., Almstetter M.F., Schlamberger G., Nurnberger N., Dettmer K., Oefner P.J.,
Meyer H.H.D., Wiedemann S., Gronwald W., 2010. Metabolómica do leite baseada em
ressonância magnética nuclear e espetrometria de massa em vacas leiteiras durante o início
e o final da lactação. Journal of Dairy Science, 93, 1539-1550.

85. Kumaresh Halder, Jatindra Kumar Sahu, Satya Narayan Naik, Surajit Mandal, Subrata
Kumar Bag 2021. Melhorias na produção de makkhan (manteiga de cultura tradicional
indiana): uma revisão J. Food Sci. Technol, 58(5), 1640-1654.

86. Lapoint-Vignola C., 2002. Ciência e tecnologia dos lacticínios, transformação do leite.
Imprensa internacional, Escola Politécnica de Montréal, 600p.

87. Larpent J.P., 1996. Leite e produtos lácteos não fermentados. Em Bourgeois C.M.,
Mescle J.F. Zucca J., Microbiologie alimentaire tome I : Aspect microbiologique de la
sécurité et de la qualité des aliments. Edit Lavoisier Tech & Doc , Paris, 671p.

88. Larsen T., 2015. Determinação fluorométrica de glucose livre e glucose 6-fosfato no leite
de vaca e noutras matrizes opacas. Food Chem, 166, 283-286.

89. Larsen T., e Fernandez C., 2017. Análises enzimático-fluorométricas para glutamina, glutamato e grupos de aminoácidos livres em plasma e leite sem proteínas. J. Dairy Res. 84, 32-35.

90. Leclercq A., 1999. Intérêt nutritionnel du lait pour l'Homme, Tese de doutoramento em medicina veterinária, Faculdade de Medicina, Créteil, 58p.

91. Lee S.J. e Sherbon J.W., 2002. Alterações químicas na membrana do glóbulo de gordura do leite bovino causadas pelo tratamento térmico e homogeneização do leite integral. Journal of Dairy Research 69(04), 555-567.

92. Leonil J., Michalski M.C., Martin P., 2013. Estruturas supramoleculares do leite: estrutura e impacto nutricional da micela de caseína e do glóbulo de gordura. INRA Prod. Anim. 26, 129-144.

93. Lin, Y., Sun X., Hou X., Qu B., Gao X., Li Q., 2016. Efeitos da glicose na síntese de lactose em células epiteliais mamárias de vacas leiteiras. BMC Vet. Res. 12, 81.

94. Linzell J.L. e Peaker M.. 1971. Mechanism of milk secretion. Physiol Rev. 51, 564-597.

95. Linzell J.L., Mepham T.B., Peaker M., 1976. A secreção de citrato no leite. J.of Physiology, 260, 739-750.

96. Lopez C., 2011. Glóbulos de gordura do leite envolvidos pela sua membrana biológica: conjuntos coloidais únicos com uma composição e estrutura específicas. Opinião atual em Ciência dos Colóides e das Interfaces, 16, 391-404.

97. Lopez C., Bourgaux C., Lesieur P., Ollivon M., 2002. Estruturas cristalinas formadas na nata e na gordura anidra do leite a 4°C. Lait, 82, 317-335.

98. Lopez C., Briard-Bion V., Ménard O., Beaucher E., Rousseau F., Fauquant J., Leconte N., Benoit R., 2011. Glóbulos de gordura selecionados do leite gordo de acordo com o seu tamanho: Diferentes composições e estrutura da biomembrana, revelando domínios ricos em esfingomielina. Química Alimentar, 125(2), 355-368.

99. Lopez C., Madec M.N., Jimenez-Flores R., 2010. Jangadas lipídicas na membrana do glóbulo de gordura do leite bovino reveladas pela segregação lateral de fosfolípidos e distribuição heterogénea de glicoproteínas. Food Chem, 120, 22-33.

100. Lopez-Calleja I., Alonso I.G., Fajardo V., Rodriguez M.A., Hernandez P.E., Garcia T., Martin R., 2005. Deteção por PCR de leite de vaca em leite de búfala e queijo mozzarella. International Dairy Journal, 15, 1122-1129.

101. Luquet F.M., 1985. Lait et produits laitiers : vache-brebis-chèvre, vol 1 : Les laits de la mamelle à la laiterie. Lavoisier Tec & Doc, Paris, 397p.

102. Mahaut M., Jeantet R., Bruleg G., Schuch P., 2000. Les produits industriels laitiers, Ed Tec & Doc, Lavoisier, Paris, 178p.

103. Mather I.H. e Keenan T.W., 1998. Origem e secreção dos lípidos do leite. J.A.M.A., 3, 259-273.

104. Mathieu J., 1997. Iniciação à físico-química do leite, Lavoisier TEC&DOC, Paris, 220p.

105. McMahon D.J. e McManus W.R., 1998. Rethinking Casein Micelle Structure Using Electron Microscopy. J. Dairy Sci. 81, 2985-2993.

106. McPherson A.V., Dash M.C., Kitchen B.J., 1984. Isolamento e composição do material da membrana do glóbulo de gordura do leite: I. De leites e cremes pasteurizados. Journal of Dairy Research, 51(2), 279-287.

107. Mekdes A., 2008. Assessment of processing techniques and quality attributes of butter produced in delbo watershed of Wolayita zone southern Ethiopia, Thesis Hawassa University, Ethiopia, 63p.

108. Meshref A.M.S., 2010. Qualidade microbiológica e segurança da manteiga para cozinhar na província de Beni-Suef - Egito. Ciências da Saúde em África, 10(2), 193-198.

109. Michalski M.C. e Parmentier M., 2003. Fracionamento e funcionalidades da gordura globular e anidra do leite. Journ. Filières Lait, Rennes, França, 76-86.

110. Michalski M.C., Briard V., Michel F., 2001. Parâmetros ópticos do glóbulo de gordura do leite para medições de dispersão de luz laser. Lait, 81, 787-796.

111. Morin P., Jiménez-Flores R., Pouliot Y., 2007. "Efeito do processamento na composição e microestrutura do leitelho e das membranas dos glóbulos de gordura do leite". International Dairy Journal 17(10), 1179-1187.

112. Mortensen B.K., 2011. Manteiga e outros produtos lácteos gordos. O produto e o seu fabrico. Encyclopedia of Dairy Sciences (Segunda Edição). Academic Press, 492-499.

113. Mulder, H. e P. Walstra (1974). The milk fat globule - Emulsion science as applied to milk products and comparable foods. Edições Commonwealth Agricultural Bureau, Inglaterra, e Centre of Agricultural Publishing and documentation, Países Baixos, 300p.

114. Murphy M.A., Shariflou M.R., Moran C., 2002. Extração de ADN genómico de alta qualidade de grandes amostras de leite. Journal of Dairy Research, 69, 645-649.

115. Neville M., 1995. The physical properties of human and bovine milks In Jensen R. Handbook of milk composition-General description of milks, Academic Press, Inc 82, 919.

116. Neyer F., 2016. Les ferments lactiques, Généralités. Revista do ENIL n° 345, 2-3.

117. Ngounou C., Ndjouenkeu R., Mbofung F. e Noubi I., 2003. Demonstração da biodisponibilidade de cálcio e magnésio durante a fermentação do leite por bactérias de ácido lático isoladas de leite coalhado de Zebu. Jornal de Engenharia Alimentar, 57, 301-307.

118. Ollivier-Bousquet M., 1998. Transferrin and prolactin transcytosis in the lactating mammary epithelial cell. J. Mammary Gland Biol. Neoplasia, 3, 303-313.

119. Ouadghiri M., 2009. Biodiversidade de bactérias lácticas no leite cru e seus derivados "Lben" e "Jben" de origem marroquina. Universidade Mohammed V - Agdal, 29.

120. Pointurier H., 2003. La gestion matière dans l'industrie laitière, Tec & Doc, Lavoisier, França, 388p.

121. Pointurier H., Adda J., 1969. Qualidades e defeitos da manteiga. In: Beurrerie Industrielle: science et technique de la fabrication du beurre. La Maison Rustique (Ed), Paris, França, 288-330.

122. Poutrel B., Caffin J.P., Rainard P., 1983. Physiological and Pathological Factors Influencing Bovine Serum Albumin Content of Milk. J. Dairy Sci. 66, 535-541.

123. Ramet J.P., 1985. Cheese-making and cheese varieties in the Mediterranean basin. Organização das Nações Unidas para a Alimentação e a Agricultura, Roma.

124. Renner E., 1989. Micronutrients in milk and milk-based food products. Elsevier, Applied Science, Londres, 311p.

125. Richoux R. Coagulantes. As diferentes famílias de coagulantes e o seu modo de obtenção. Revista do ENIL n° 347 / 12 - 2017.

126. Ronez F., 2012. Exploração funcional e valorização industrial da proteína de choque térmico bacteriana Lo18. Tese de doutoramento, École doctorale Environnements, Santé.

127. Saleem Jabir Ahmed S., Osman Mohamed Abdalla M., Abdalla Rahamtalla S., 2016. Qualidade microbiológica da manteiga de leite de vaca processada no estado de Cartum, Sudão. British Microbiology Research Journal, 11 (1), 1-10.

128. Samet-Bali O., Ayadi M.A., Attia H., 2009. Traditional Tunisian butter: Physicochemical and microbial characteristics, 42, 899-905.

129. Sarab M.L., Nouri M., Tarighat-Esfanjani A., 2019. Caraterísticas da manteiga tradicional iraniana produzida em Sarab em comparação com as normas europeias e nacionais. Progresso em Nutrição, 21, Suplemento 1, 416-421.

130. Seminel L., 2016. Le livre blanc des pâtes pressées de montagne, la patience du fromager. Cheeses & Chefs www.fromagesetchefs.com

131. Shennan D.B., e Peaker M., 2000. Transport of Milk Constituents by the Mammary Gland (Transporte de constituintes do leite pela glândula mamária). Physiological Reviews, 80, 925-951.

132. Shingfield K.J., Lee M.R.F., Humphries D.J., Scollan N.D., Toivonen V., Reynolds C.K. Beever D.E., 2010. Effect of incremental amounts of fish oil in the diet on ruminal lipid metabolism in growing steers. British Journal of Nutrition, 104, 56-66.

133. Smith-Kirwin S.M., O'Connor D.M., Johnston J., De Lancey E., Hassink S.G., Funanage V.L., 1998. Leptin expression in human mammary epithelial cells in breast milk (Expressão de leptina em células epiteliais mamárias humanas no leite materno). J. Clin. Endocrinol. Metab 83, 1810-1813.

134. Tantaoui-Elaraki A., Berrada M., El Marrakchi A., Berramou A., 1983. Etude sur le lben marocain. Le Lait, Edições INRA, 63, 230-245.

135. Tantaoui-Elaraki A., El Marrakchi A., 1987. Estudo dos produtos lácteos marroquinos: Lben e smen. Jornal Mundial de Microbiologia e Biotecnologia Aplicadas, 211-220.

136. Tao N., De Peters E.J., Freeman S., German J.B., Grimm R., Lebrilla C.B., 2008. Bovine Milk Glycome. Journal of Dairy Science, 91, 3768-3778.

137.[ème]T essier L., Technologies des bioprocédés industriels.2 Edition, Collège Shawinigan, 2263, avenue du Collège, Shawinigan, Québec, Canada 2018, pp 492.

138. Tormo H. et al., 2004. Guide d'appui technique pour l'accident de fromagerie à la ferme "le poil de Chat ou mucor". Dairy technology [documento eletrónico]. Lyon, Fédération des éleveurs de chèvre (FNEC), Institut de l'élevage e Centre fromager de carmejane. http://www.accidentfromagerie.fr/IMG/pdf/Guide_Mucor.pdf.

139. Valivullah H.M., Dylewski D.P., Keenan T.W., 1986. Distribuição de transferases terminais da síntese de acilglicerol em fracções celulares da glândula mamária em lactação. Int. J. Biochem, 18, 799-806.

140. Walstra P., Geurts T.J., Noomen A., Jellema A., Van Boekel M.A.J.S., 1999. Dairy Technology: Principles of milk properties and processes. Ed. Marcel Dekker, 727p.

141. Walstra P., Wouters J.T.M., Geurts T.J., 2005. Colloidal Particles of Milk (Partículas Coloidais de Leite). Dairy Science and Technology, Segunda Edição, CRC Press, 109-158.

142. Wasswa J., Sempiira E.J., Mugisa D.J., Muyanja C., Kisaalita W.S., 2017. Avaliação da qualidade da manteiga produzida utilizando métodos tradicionais e mecanizados de batedura. Afr. J. Food Agric. Nutr. Dev, 17(1), 11757-11770.

143. Wattiaux M.A., 1997. Dairy essentials: Nutrition and feeding, reproductionand genetic selection, lactation and milking, raising dairy heifers. Ed. The Babcock Institute for international Dairy research and development, Madison Wisconsin, 69p.

144. Wendrinska A., Addey C.V.P., Orange P.R., Boddy L.M., Hendry K.A.K., Wilde C.J., 1993. Effect of a milk fat globule membrane fraction on cultured mouse mammary cells. Biochem Soc Trans, 21, 220S.

145. Yao Y., Zhao G., Yan Y., Mu H., Jin Q., Zou X., Yang X., 2016. Glóbulos de gordura do leite por microscopia confocal Raman: diferenças no leite humano, bovino e caprino. Food Res Int, 80, 61-69.

146. Ye A., Singh H., Oldfield J.D. Anema S., 2004a. Cinética da associação induzida pelo calor de β-lactoglobulina e α-lactalbumina com a membrana do glóbulo de gordura do leite em leite integral. International Dairy Journal, 14(5), 389-398.

147. Ye A., Singh H., Taylor M.W. Anema S. 2002. Characterization of protein components of natural and heat-treated milk fat globule membranes. International Dairy Journal, 12, 393-402.

148. Ye A., Singh H., Taylor M.W., Anema S., 2004b. Interações das proteínas do soro com as proteínas da membrana dos glóbulos de gordura do leite durante o tratamento térmico do leite gordo. Le Lait, 84(3), 269.

149. Zahara L. e Zinewi H., 2015. As propriedades microbianas dos produtos lácteos na Etiópia: uma revisão. Inter. J. of Dairy science and Technol, 2(1), 088-094.

150. Zazcek M., Keenan T.W., 1990. Provas morfológicas de uma origem do retículo endoplasmático dos glóbulos lipídicos do leite utilizando procedimentos de coloração selectiva de lípidos. Protoplasma, 159, 179-182.

151. Zulak IM e Keenan TW, 1983. Citrate accumulation by a Golgi apparatus-rich fraction from lactating bovine mammary gland. Int J. Biochem, 15, 747-750.

Printed by Books on Demand GmbH, Norderstedt / Germany